Pioneros de la ciencia contemporánea

Físicos Químicos Matemáticos
Biólogos Médicos Astrónomos
Cosmólogos

Julio A. Gonzalo

Ciencia y Cultura
Madrid
2014

Pioneros de la ciencia contemporánea

3ª Edición Marzo 2014

© Julio A. Gonzalo

© Asociación Española Ciencia y Cultura

Asociación Española Ciencia y Cultura
c/ Pavía 4, 1º D. 28013 Madrid (España)
Fax: (34) 91-4978579
www.cienciaycultura.com
E-mail: julio.gonzalo@uam.es
E-mail : aecienciaycultura@gmail.com

ISBN papel: 978-84-941095-6-0
ISBN ebook: 978-84-941095-9-1

Indice de contenidos

Prólogo a la edición de Ciencia y Cultura

La primera edición (Editorial Palabra, 2000) de *Pioneros de la ciencia*, prologada por Fernando Sols, fue seguida por una colección de reseñas mucho más breves bajo el título *Dios y los científicos* (Ciencia y Cultura, 2006) en la que, junto a los de físicos, matemáticos, astrólogos y cosmólogos, se recogían datos biográficos y citas de geólogos, biólogos, médicos y fisiólogos, tanto creyentes como no creyentes.

Esa primera edición, cuidadosamente realizada y bien difundida por la Editorial Palabra, recibió inicialmente buena acogida por parte de público y crítica.

Es muy de agradecer las facilidades dispensadas por parte de Alicia Alonso y sus colaboradores en la elaboración de esta segunda edición.

Agotada durante varios años esa edición, algunos amigos y colegas me han animado a hacer una nueva edición. Pensé en un primer momento en hacer un ligero cambio en el título, *Pioneros de la ciencia contemporánea*, y pensé también que no estaría de más remodelar, completar y mejorar el texto. Pero, como el tema es tan amplio y da tanto de sí, he preferido dejar la ampliación para más adelante. La obra del P. Karl A. Kneller, S.J., *Christianity and the leaders of modern science*, reeditada con un ensayo introductorio por el P. Stanley L. Jaki, OSB -recientemente fallecido- es una verdadera mina de información sobre las creencias cristianas y católicas de numerosos científicos destacados del s. XIX. Quizá el s. XX no da para tanto, pero algo así debería intentarse sistemáticamente algún día.

El objetivo de Pioneros de la ciencia contemporánea, que incluye también científicos del s. XIX, aunque no tan sistemáticamente como el libro del P. Kneller, se puede resumir con palabras del P. Jaki:

"En orden a desarticular la descomunal falacia de esa percepción -la de la oposición frontal entre ciencia y religión- era suficiente, como razonaba correctamente el P. Kneller, documentar que buen número de científicos muy destacados en varias ramas de la ciencia se oponían al materialismo y que muchos de ellos habían sido católicos fieles y practicantes. Como él mismo decía, su propósito era poner en práctica la misma técnica utilizada por Diógenes en otra ocasión memorable. Al confrontar éste la pretensión de los sofistas, que negaban la posibilidad de desplazarse una determinada distancia, no importa cuán pequeña, del lugar que ocupaba en aquel momento, Diógenes se levantó y se puso a pasear de un extremo a otro de la habitación. Tal fue la ocasión memorable en que, por primera vez, se puso en marcha el método 'solvitur ambulando', un método que le permite a uno desmontar una objeción haciendo precisamente lo contrario."

¿Tiene algún fundamento científico ese materialismo agnóstico y ateo que parece estar hoy tan en boga?

No es nada difícil hacer una lista de físicos eminentes, químicos eminentes, médicos eminentes, entre los Premios Nobel del pasado siglo que lo desmienten claramente. En concreto:

J.W.S. Rayleigh (Nobel de Física, 1904)
J. Thompson (Nobel de Física, 1906)
A Carrel (Nobel de Medicina, 1912)
W.H. Bragg (Nobel de Física, 1915)
W.L. Bragg (Nobel de Física, 1915)
M. Planck (Nobel de Física, 1918)
A.H. Compton (Nobel de Física, 1927)
Ch. Nicolle (Nobel de Medicina, 1928)
L. V. de Broglie (Nobel de Física, 1929)
Ch. Sherrington (Nobel de Medicina, 1932)
P. Debye (Nobel de Química, 1936)
V. Hess (Nobel de Física, 1936)
E.B. Chain (Nobel de Medicina, 1945)
G.T. Seaborg (Nobel de Química, 1951)
C.N. Hinshelwood (Nobel de Química, 1956)
J. Eccles (Nobel de Medicina, 1963)

A. Penzias (Nobel de Física, 1978)
J.E. Murray (Nobel de Medicina, 1990)
B. Brockhouse (Nobel de Física, 1994)

En esta lista están, entre otros destacadísimos científicos, el precursor de los trasplantes de órganos vitales -Carrel- ; el descubridor del electrón -Thompson-; los dos pioneros de la difracción de rayos X para la determinación de estructuras cristalinas -los Bragg, padre e hijo-; el creador de la teoría cuántica -Planck-; tres pioneros destacadísimos de la mecánica cuántica - Broglie, Compton y Debye-; uno de los codescubridores de la penicilina -Chain-; el descubridor de diez elementos químicos transuránidos, completando casi definitivamente la tabla periódica de los elementos químicos -Seaborg-; el codescubridor del fondo cósmico de radiación -Penzias-, y un pionero destacadísimo de la espectroscopia de neutrones -Brockhouse-.

No se trata, por tanto, de Premios Nobel del montón. Todos ellos, católicos, protestantes o judíos, dejaron constancia clara de su decidido acatamiento a un Dios Creador y mantenedor del orden natural. Haciendo así compatibles ciencia y fe en sus propias vidas.

Si la ocasión se presenta, merecería la pena, ciertamente, dedicar otra colección de ensayos breves a documentar en detalle las contribuciones y los testimonios de estos y otros científicos creyentes del siglo XX. Ocasión habrá para ello.

La verdadera ciencia contemporánea en sus exponentes máximos no es afín, sino hostil, al materialismo descarado de fines del s.XX y comienzos del s.XXI, digan lo que digan algunos divulgadores de la ciencia que tienen poco de científicos genuinos.

Un gran científico austriaco, Andreas von Baumgartner, citado por el P. Kneller, lo dijo con palabras elocuentes:

"Las ciencias naturales son capaces de exponer, por encima de todo, las contradicciones del materialismo y de mostrar la incapacidad (de dicho materialismo), tanto si ha surgido de fuentes históricas, como de fuentes filosóficas, como de fuentes científicas. Esta consideración debería ser suficiente para disipar las preocupaciones de aquellos que miran el estudio de la naturaleza como de algo lleno de peligros para la gente joven. De hecho, la ciencia, rectamente dirigida, es la mejor barrera y la más firme contra el error; y, más que ninguna otra rama del saber, la ciencia lleva a reconocer el universo como el templo de Dios Omnipotente."

Y añade el P. Kneller:

"Sí pero la 'recta dirección' hay que encontrarla en una sólida disciplina filosófica."

Prólogo a la anterior edición

El presente libro de Julio A. Gonzalo, *Pioneros de la ciencia contemporánea*, aparece en un momento oportuno, cuando un numeroso público desea saber más sobre la relación que la ciencia y la fe cristiana han tenido a lo largo de la historia. En nuestro tiempo, el ciudadano medio se ve bombardeado por mensajes fáciles en los que, de un modo acrítico, la visión científica y la concepción religiosa del mundo se presentan como irreconciliables, si no en principio, al menos en la práctica. Según el presudo-dogma en boga, a lo largo de la historia la religión habría ido cediendo terreno a la ciencia a medida que esta nos ha ido desvelando los misterios de la naturaleza. Este retroceso no habría sido suave, sino que habría ido acompañado de una constante fricción entre científicos y clérigos. Ciencia y religión en eterno conflicto. La extendida aceptación de esta mitología guerrera no parece resentirse del sorprendentemente reducido número de casos concretos con que se suele ilustrar.

Semejante visión simplista de la interacción entre ciencia y fe solo puede defenderse desde un conocimiento superficial de la historia. La conexión entre el desarrollo científico y la cultura cristiana es un tema rico y complejo que puede abordarse desde profundos estudios históricos y filosóficos dentro de una actividad intelectual del máximo interés. En paralelo a estos trabajos, cabe seguir otros caminos más directos e igualmente relevantes. El profesor Gonzalo ha escogido una vía relativamente poco explorada, que consiste en dejar hablar a los protagonistas del drama, a los personajes reales que pusieron los pilares de la ciencia moderna. Este libro trata de la fe religiosa de aquellos pioneros. En sus páginas encontramos breves reseñas biográficas, acompañadas de citas textuales de sus protagonistas y de referencias bibliográficas precisas, todo ello acompañado de oportunos comentarios.

La lista de autores comentados incluye algo más que un conjunto de científicos competentes que hicieron un trabajo razonable. En este libro, Julio Gonzalo escribe sobre la vida y las ideas religiosas de los principales artífices de la revolución científica. Merece la pena destacar algunos casos. Se nos habla de Galileo y de Newton, generalmente considerados los fundadores del electromagnetismo. Maxwell está conceptuado, junto con Newton y Einstein, como uno de los tres físicos más grandes de la historia. Faraday es tenido por el mejor físico experimental de todos los tiempos. A Volta, el catequista de la parroquia de cómo, le debemos la invención de la pila eléctrica, que abrió el camino al estudio sistemático de la electricidad. Ampère, educado en el laicismo y converso en su madurez, sentó las bases de la teoría electromagnética. El grupo de los físicos incluye también a Max Planck, padre de la física cuántica, cuya apertura a la idea de lo trascendente le llevó a ser un valiente defensor del realismo frente al instrumentalismo propugnado por Ernst Mach. La contribución que su postura filosófica ha supuesto para el desarrollo posterior de la ciencia está todavía pendiente de ser evaluada en su justa medida. En el ámbito de la astronomía, se habla de sus dos principales fundadores, Copérnico y Kepler, así como del sacerdote belga Lemaître, quien demostró que el Big Bang se puede deducir de las ecuaciones de Einstein. Finalmente, dentro de la rama de las matemáticas, vemos incluido el trío estelar de Euler, Gauss y Riemann, valorados por muchos como los tres matemáticos más grandes de todos los tiempos.

La figura de Galileo merece una mención especial, dado el valor simbólico que se le ha atribuido con frecuencia. Se da el hecho paradójico de que, en su conflicto con las autoridades eclesiásticas, Galileo, quien siempre se mantuvo fiel a su fe católica, llevaba razón en el terreno teológico, mientras que sus detractores acertaban en la parte científica del debate. Siguiendo una larga tradición, el físico de Pisa afirmaba que la Biblia no debe tomarse como fuente de información sobre la realidad natural. Por otro lado, la comisión eclesiástica, que estaba correctamente asesorada por otros científicos, rechazaba la pretensión de Galileo de que la existencia de las mareas probaba la teoría heliocéntrica de Copérnico. El polémico científico rompió su compromiso inicial de enseñar la doctrina copernicana tan solo como hipótesis, por lo que fue sometido a confinamiento en su propia villa d'Arcetri, cerca de Florencia, durante el cual dejó por escrito lo que de hecho ha sido su contribución más duradera: la teoría del movimiento.

La publicación de este libro debería mover a otros autores a realizar estudios similares. La mera inspección del índice sugiere la necesidad de un trabajo análogo sobre químicos y biólogos. Un estudio así nos permitiría aprender sobre la espiritualidad de otros colosos como Lavoisier, Pasteur, el agustino Mendel o, refiriéndonos a científicos más modernos, Alexis Carrel o John Eccles. Incluso el elenco de físicos y matemáticos está lejos de haber sido agotado. Caben estudios más introspectivos o más extensos, que incluyan figuras como Leibniz, creador junto con Newton del cálculo infinitesimal, Poincaré, padre de la moderna ciencia del caos y miembro de la Tercera Orden Franciscana; o, dentro de este siglo, Werner Heisenberg, Pascual Jordan, Wolfgang Pauli, Charles Townes, Nevill Mott, y el musulmán Abdus Salam, por citar algunos casos conocidos.

La lectura de las páginas de este libro sugiere una pregunta. Si parea estos gigantes de la ciencia había perfecta compatibilidad entre fe cristiana y actividad científica, ¿por qué insisten algunos en hablar de ciencia y religión como de dos visiones del mundo en inevitable conflicto? Es más, ¿por qué se empeñan en convencernos a todos del carácter intrínseco de este conflicto, cuya existencia se presenta a las grandes masas como un hecho incuestionable?

Cabría argumentar que, hasta el siglo XX, la sociedad europea fue mayoritariamente cristiana y que, por lo tanto, no es sorprendente que los científicos más importantes, hijos de su tiempo, también lo fueran. Aparte de ignorar la fuerza que el secularismo ya tenía en algunos ambientes intelectuales de los siglo XVI y XVII y no en otras culturas que también alcanzaron un notable progreso tecnológico? ¿Es una mera coincidencia o cabe atribuir a la matriz cultural cristiana un papel catalizador en la gestación de la revolución científica? En los capítulos primero y último, Julio Gonzalo aborda esta cuestión haciéndose eco de las propuestas del historiador Stanley Jaki, apuntadas ya a comienzos del siglo XX por el matemático y filósofo Alfred North Whitehead. En la línea de estos pensadores, el profesor Gonzalo argumenta que la ciencia no germinó en Europa por mera casualidad, sino por la influencia decisiva de la filosofía cristiana, la cual, siendo cultivada en las nacientes universidades de la baja Edad Media, sentó las bases intelectuales que permitieron el posterior nacimiento de la ciencia moderna. Así, podemos afirmar que la cultura científica encontró su humus en la creencia de que el mundo es inteligible y que la gran variedad de fenómenos naturales es potencialmente comprensible en términos de unos pocos principios. El valor práctico de esta hipótesis, que diferencia la ciencia de la mera tecnología empirista, ha sido abrumadoramente demostrado durante los últimos cuatro siglos. De hecho, la ciencia actual todavía puede percibirse como el gran programa intelectual generado por la idea de que hay orden en la naturaleza.

Llegados a este punto, conviene recordar que, dentro de la concepción cristiana del mundo, la compatibilidad entre ciencia y fe no debe resultar sorprendente, pues ambas llegan por diferentes caminos al conocimientos de aspectos complementarios de una misma realidad que proviene de un único Creador. Lo recuerda el Concilio Vaticano II: "La investigación metódica en todos los campos del saber, si está realizada de forma auténticamente científica y conforme a las normas morales, nunca será realmente contraria a la fe, porque las realidades profanas y las de la fe tienen origen en un mismo Dios" (*Gaudium et Spes*, 36). Más recientemente, Juan Pablo II afirma: "El mismo e idéntico Dios, que fundamenta y garantiza que sea inteligible y racional el orden natural de las cosas sobre las que se apoyan los científicos confiados, es el mismo que se revela como Padre de nuestro Señor Jesucristo" (*Fides et Ratio*, 34).

El presente libro del profesor Julio Gonzalo es una valiosa contribución a la popularización de la verdad sobre la relación entre ciencia y fe. En él se deja hablar a algunos de los más grandes científicos que han existido. Con el testimonio de sus vidas, estos pioneros de la ciencia han demostrado para siempre que el conocimiento científico y la fe cristiana pueden convivir en fructífera armonía.

Prof. Fernando Sols
Universidad Autónoma de Madrid

Consideraciones preliminares

El término hombre de ciencia o *científico* es aplicable a quien "ha hecho ciencia", en un sentido amplio. En este sentido cabe aplicarlo a quien ha hecho física, matemáticas, astronomía y cosmología astrofísica, una ciencia esta última que ha alcanzado su madurez, en el plano teórico y en el observacional, precisamente en el pasado siglo XX.

Podrían considerarse además disciplinas particulares, como la geología, la química, la biología, la fisiología y la medicina, que merecerían todas ellas consideración aparte.

La divulgación de la ciencia o su enseñanza a algo nivel, sin embargo tareas ciertamente importantes, no supone estrictamente hablando, hacer ciencia, a no ser que vaya acompañada de contribuciones científicas experimentales o teóricas significativas. En este sentido, una obra como la de Isaac Asimov, o incluso la de Carl Sagan -en buena medida-, es más bien la de un notable divulgador de la ciencia que la de un científico creador propiamente dicho. Ello no es óbice para que la influencia de uno y otro en el gran público haya sido probablemente mucho mayor que la de algunos de los más grandes científicos contemporáneos.

El término hombre de fe, o *creyente*, por otra parte, lo entendemos aquí como aplicable a aquel que está firmemente convencido de que[1] existe un Dios Creador

---

[1] Citado por el Dr. B. Nathanson en una reunión Internacional Provida, a la que asistí en Bratislava, 1992. No he podido encontrar esta cita en *The Quotable Chesterton* (Ignatius Press: San Francisco 1986). El Dr. B. Nathanson hablaba antes de su conversión al Catolicismo en 1997.

autor del universo visible e invisible [2] ; que en cada hombre o mujer existe un alma espiritual, que es irreducible a puro instinto animal (no importa cuán evolucionado); y[3] que el alma espiritual creada por Dios a su imagen y semejanza, es inmortal, y por tanto, destinada a una vida futura, después de haberse sometido, tras la muerte corporal, al juicio - misericordioso y justo- de su Creador. Si se acepta la existencia de un Dios creador -y como decía G.K. Chesterton[4] "si no hubiera Dios no habría ateos"-, se debe aceptar también que no sea indiferente a sus criaturas, y como consecuencia, la posibilidad, y aun la gran verosimilitud, de que haya tenido lugar una Revelación por parte de ese mismo Dios Creador. Una revelación inteligible, destinada, claro está, a sus criaturas racionales.

La creencia en un Dios creador y la práctica religiosa en general han descendido notablemente a lo largo del siglo XX, sobre todo en su último tercio. Y uno de los principales determinantes de esta tendencia se identifica, en opinión muy generalizada, con el desarrollo de la ciencia moderna.

¿Está bien fundada en los hechos esta opinión?

Si bien es cierto que algunos científicos importantes han sido, o son, de tendencias agnósticas o ateas, muchos otros han vivido y han muerto como cristianos practicantes e incluso como católicos fervientes.

Sin haber sido cristianos intachables, estrictamente hablando, científicos destacados han sostenido, a veces

---

[2] .G.Stokes, Natural Theology, *The Gifford Lectures* (Bart: London and Edinburg, 1981).

[3] K.A. Kneller, *Christianity and the leaders of Modern Science, A contribution to the History of culture in the Nineteenth Century* (Real View Books: Michigan, 1995). Original publicado por B. Herder en 1911. Reimpresión reciente con ensayo introductorio de S.L. Jaki.

4 Véase nota 1.

con gran elocuencia, principios diametralmente opuestos a los del ateísmo materialista, como es el caso de Max Planck y Albert Einstein, los dos físicos más importantes del pasado siglo XX.

El gran físico-matemático irlandés Sir Georges Gabriel Stokes[5] dice: "la existencia de Dios, de un Dios personal, y la posibilidad de milagros se siguen inmediatamente; si las leyes de la naturaleza se cumplen según su voluntad. Aquel que las quiso puede querer dejarlas en suspensión. Y si alguien percibe alguna dificultad en cuanto a su suspensión, ni siquiera está obligado a suponer que se hayan tenido que suspender dichas leyes".

El libro del P. Karl A. Kneller [6] , S.J., sobre cristianismo y figuras destacadas en la ciencia moderna, publicado en los primeros años del siglo XX, empieza la introducción con unas palabras de Lord Rayleigh [7] destinadas al *54th Meeting of the British Association for the Advancement of Science* que dicen lo siguiente: "Mucha gente excelente teme a la ciencia como una fuerza tendente al materialismo. Que tal aprensión exista no es sorprendente, ya que, por desgracia, hay escritores que hablando en nombre de la ciencia, se han propuesto decididamente propugnarlo -el materialismo-. Es cierto que entre los hombres de ciencia, como entre otras clases, encontramos puntos de vista *poco refinados* en relación con las realidades más profundas de la naturaleza, pero afirmar que las convicciones de toda una vida, como las de Newton, de Faraday y de Maxwell, son inconsistentes con la mentalidad científica, es, ciertamente, algo que no necesito pararme considerar -ni un momento- para refutarlo". Esta afirmación de Lord Rayleigh, que era válida hace cien años, no lo es menos hoy.

---

[5] Véase nota 2.
[6] Véase nota 3
[7] *Ibíd.*, p.1.

Se dice a menudo que los descubrimientos científicos han socavado los fundamentos mismos de la religión, y que deberíamos, o bien renunciar por completo a la visión religiosa tradicional del cosmos, la vida y el hombre, o bien apostar por una visión religiosa de nuevo cuño, más en armonía con los resultados de la interpretación moderna del cosmos, aunque esta nueva visión religiosa deje de lado la aceptación de un Dios Creador y la de un hombre portador de valores eternos, creado a imagen y semejanza de Dios, y capaz de reconocerse como pecador y dispuesto a acogerse a su misericordia.

Vienen aquí como anillo al dedo dos observaciones de dos grandes científicos agnósticos de finales del siglo XX.

Richard Feynman[8]: "Muchos científicos creen -de hecho- en ambas cosas, ciencia y Dios -el Dios de la revelación-, de una forma perfectamente consistente".

Steven Weinberg[9]: "...si la palabra Dios nos ha de ser de alguna utilidad, debe significar un Dios interesado en nosotros, un creador y un legislador que no solo ha establecido las leyes del universo, sino también las varas de medir el bien y el mal... Alguien, en una palabra, que sea adecuado como objeto de nuestra adoración... Tengo que admitir que algunas veces la naturaleza parece más bella de lo estrictamente necesario. Pero el Dios de los pájaros y los árboles tendría que ser también el Dios de los defectos congénitos y del cáncer".

Como hemos dicho, Weinberg se considera a sí mismo como agnóstico, al parecer un agnóstico *nostálgico* [10] -"nostálgico por un mundo en el cual los

[8] S.L. Jaki, *The relevance of physics* (University of Chicago Press: Chicago, 1966).

[9] S. Weinberg, *Dreams of a final theory* (Pantheon Books: New York, 1992), p.244-250.

[10] *Ibíd.*, p. 256.

cielos proclamaban gloria a Dios"-. Sea lo que fuere, la cita es buena para poner en entredicho la pretensión al uso de fabricarse al gusto de cada uno nuevas visiones religiosas del cosmos y el hombre demasiado en armonía con las modas intelectuales prevalentes -y pasajeras- en el mundo contemporáneo. Como dice el propio Weinberg, estas visiones religiosas tan mudables tendrían el defecto de "no poder estar equivocadas".

Es un hecho cierto que, al acercarse a su fin el pasado siglo XX, el número de científicos en todo el mundo aumentaba a un ritmo más rápido que el del crecimiento de la población. También aumentaba el número de habitantes del planeta que se consideraban a sí mismos no-creyentes o ateos. Los americanos, muy aficionados a las estadísticas, nos permiten disponer de cifras fidedignas sobre la evolución en aquel país tanto del número de científicos -representados de alguna manera por el número de *Fellows* de la *American Physical Society*- como el de ciudadanos en general -subdivididos en cristianos y no cristianos-.

En los últimos cien años, el número de *Fellows* de la A.P.S. -miembros especialmente distinguidos- ha aumentado en un factor 45, mientras que el de la población en general lo ha hecho solo en factor 3,5. En este mismo período el tanto por ciento de ateos que se autodefinen como tales en los Estados Unidos de América, y en otras partes, ha aumentado notablemente, sobre todo, como ya hemos dicho, en el último tercio del siglo XX, un factor 3,4 según la *Enciclopedia Británica* (1978).

En la tabla siguiente se recogen datos de creyentes -subdivididos en cristianos, musulmanes y judíos- y no creyentes -subdivididos en ateos y otros- por grandes áreas geográficas, también según la *Enciclopedia Británica.*

CREYENTES Y NO CREYENTES EN EL MUNDO*

	África	Asia	Europa	América del Sur	América del Norte	Oceanía
Creyentes	**657,8**	**1.097,9**	**586,3**	**458,7**	**267,0**	**24,1**
Cristianos	350,9	289,8	552,2	455,9	257,1	24,1
Musulmanes	306,6	803,6	31,3	1,6	4,0	-
Judíos	0,3	4,5	2,9	1,2	5,9	-
No creyentes	**100,6**	**2.438,5**	**142,7**	**33,2**	**34,7**	**5,0**
Ateos	0,4	117,8	24,0	2,6	1,4	0,4
Otros	100,2	2320,7	118,7	30,6	33,3	4,6
TOTAL	**758,4**	**3.536,4**	**729,1**	**491,9**	**301,7**	**29,1**
No creyentes	13,2%	68,9%	19,5%	7,2%	13,0%	20,7%
Ateos	-	3,3 %	3,3%	-	-	1,3%

* En millones de personas. Datos correspondientes a 1997, publicados por la Enciclopedia Británica: Book of the year 1998.

Nos hemos preguntado: ¿Está bien fundada en los hechos la opinión de que la mentalidad científica es desfavorable para la creencia en un Dios creador y para la práctica religiosa?

Aunque la mayoría de los científicos contemporáneos fueran de inclinaciones materialistas y ateas o, por así decirlo, *positivista*", ello no supondría en sí mismo una descalificación de la fe en un Dios creador, ni una prueba en contra del cristianismo histórico. Como decía Lord Rayleigh en otra ocasión: "no creo que -el científico- tenga un derecho superior al de otros hombres educados para hacer suya la actitud de un profeta. En su corazón sabe que bajo las teorías que él construye subyacen contradicciones que es incapaz de reconciliar -entre sí-. Los misterios más altos del ser, suponiendo que sean plenamente penetrables por el entendimiento humano, requieren otras armas que las del cálculo y las del experimento". Es bien sabido, por otra parte, que muchas opiniones de los científicos, admitidas sin discusión en tiempos pasados, cayeron en el más absoluto descrédito en épocas posteriores.

Los hombres y mujeres de este comienzo del siglo XXI, beneficiarios de tantos descubrimientos y logros científicos y técnicos, hacemos bien en sentirnos orgullosos de nuestros avances científicos. Orgullosos de ese gran árbol multisecular que forma la ciencia contemporánea, tan bellamente ramificada en las más diversas disciplinas y tan fecunda, cuando se ha sabido hacer uso de sus frutos. Pero, me atrevo a decir, debemos hacerlo sin olvidar que la semilla de ese árbol se sembró hace mucho tiempo, en plena época medieval cristiana[11].

Buridan, Oresme, Copérnico, el mismo Galileo, rompen con la cosmovisión fatalista de los antiguos para afirmar que el *mundo* está bien hecho, y que la *inteligencia* humana, también obra del mismo Creador, está bien hecha para investigarlo[12].

Científicos contemporáneos nuestros de primera fila, incluyendo o pocos premios Nobel, están de acuerdo en este punto con los pioneros de la ciencia moderna.

A mediados del siglo XIX, dos grandes descubrimientos científicos, la ley de la conservación de la energía -primer principio de la termodinámica, formulado por J.R. Mayer- y la ley del crecimiento de la entropía o grado de desorden -segundo principio de la termodinámica, propuesto por R. Clausius y Lord Kelvin, independientemente- suscitaron vivas polémicas porque algunos científicos prominentes vieron en ellos pruebas indirectas de la naturaleza causada y del carácter temporal del universo físico, lo que postulaba, según ellos, un Ser Necesario[13] . La cosa se complicó porque la física, por sí misma, es incapaz de dilucidar si el universo

---

[11] S.L. Jaki, *The origin of science and the science of its origin*
(Regenery/ Gateway: South Bend Indiana, 1978)

[12] Ver J.A. Gonzalo, *The inteligible universe* (Shanghai Ed. Publ. House: Shanghai, 1993)

[13] Ver K.A. Kneller, *Ibídem.*

es finito o infinito. De ser infinito el universo no sería, estrictamente hablando, objeto propio de la ciencia Física, y ni siquiera de la ciencia Matemática. Como quizá era de esperar, científicos creyentes consideraban, no sin razón, que estos descubrimientos apoyaban la existencia de Dios, mientras que científicos materialistas o ateos concluían que esos mismos descubrimientos hacían a Dios completamente innecesario.

En el siglo XX, los dos grandes descubrimientos cosmológico, la expansión de las galaxias -Slipher, Hubble- y el fondo cósmico de radiación -Penzias y Wilson, Alpher y Hermann- han suscitado, y siguen suscitando, polémicas parecidas. Si las galaxias y la radiación se expanden rápidamente y las densidades de masa y energía, como parecen indicar las observaciones experimentales, no son suficientes para producir un parón con marcha atrás en la expansión -que en cualquier caso no sería capaz de traducirse en oscilaciones sucesivas idénticas, según el segundo principio de la termodinámica- cabría esperar entonces un principio y un fin temporal para el universo. También, como era previsible, científicos creyentes ven en ello un indicio claro de la existencia de Dios, mientras que científicos agnósticos o ateos no parecen dejarse impresionar lo más mínimo por ello.

Y aún podríamos añadir algo más. La formulación del principio de incertidumbre -W. Heisenberg, 1927- establece que, según la mecánica cuántica, en cualquier proceso físico, sin excluir el origen y la posterior evolución del universo, no podremos conocer simultáneamente el valor de la energía y el del tiempo si el producto de las incertidumbres de ambas cosas - energía y tiempo- es menor que el valor de la constante de acción de Planck dividida por 2π (i.e. $\Delta E \cdot \Delta t < \hbar$). Ello supone, a pesar quizá del propio Heisenberg, y de otros continuadores de la mecánica cuántica, un límite estricto a la especulación física: los estados del universo para tiempos tales que $t < (E/\hbar)$ donde E es la energía total del universo -incluyendo materia y radiación-, están fuera del alcance de la física cuántica, paradigma

21

definitivo de la física actual, según opinión hoy generalizada.

Para un físico creyente -no "reduccionista"-, esto no supondría problema alguno. Para un físico "reduccionista", en cambio, supondría que la física no basta para describir un universo coherente, confirmando así, una vez más, el conocido teorema de Kurt Gödel. Es necesaria una metafísica, y un Creador.

Las implicaciones "epistemológicas" de la mecánica cuántica siguen siendo acaloradamente discutidas entre algunos de los físicos más distinguidos de finales del siglo XX. Y de nuevo, como era de esperar, hay gustos para todos. Lo cual no quiere decir que algún día, que hoy parece lejano, no se vaya imponiendo poco a poco, y en mayor medida que en la actualidad, el realismo y el sentido común.

Según San Pablo (*Rm* 1, 18-23), Dios puede ser conocido a partir de lo creado. Según los grandes teólogos medievales -Tomás de Aquino, Buenaventura, Duns Scoto- la fe en Él, además de ser un don divino, es un asentimiento libre y razonable por parte del hombre. Según la Iglesia Católica -Concilio Vaticano I- por la *recta razón* es posible acceder a Dios. Las páginas que siguen solo tratan de recoger algunos de los mejores testimonios de científicos de primera fila que lo confirman. Y muchos otros, tanto o más expresivos, podrían añadirse.

Físicos

Jean Buridan
Galileo Galilei
Sir Isaac Newton
Alessandro Volta
Jean Baptiste Biot
Augustin Fresnel
André Marie Ampére
Michael Faraday
James Clerk Maxwell
Julius von Mayer (
William Thompson, lord Kelvin
Max Planck
Albert Einstein
William Henry Bragg
Arthur Compton
Louis de Broglie

Jean Buridan (c.1300-1358)

Nace en Béthune (Francia). Estudia Filosofía en París con Guillermo de Ockam, con el que más adelante se mostrará en desacuerdo. Llegó a ser rector de la Universidad de París en 1328 y en 1340.

Filósofo, lógico y autor de trabajos teóricos en Óptica y Mecánica[1], y claro defensor del principio de causalidad.

Más conocido por sus teorías sobre la elección moral: los hombres, según él, están obligados a querer lo que se les presenta como un bien superior, pero la voluntad es libre para diferir el juicio de la razón tras una

---

[1] *Encyclopedia Britannica*, Inc. [Vol. II, 15th ed. (1974))

investigación más cuidadosa de los motivos. Un dilema concreto se presenta cuando la elección es entre dos bienes idénticos. Caso del burro hambriento ante dos montones idénticos de pienso que podría, indeciso, llegar a morirse. Este es el famoso caso del burro de Buridan. Pero su contribución más importante es, sin duda, la introducción del concepto de ímpetus o movimiento inercial - momento-, que le hace precursor directo en este punto fundamental de Copérnico, Galileo y Newton. El ímpetus, proporcional a la masa y a la velocidad impartida por el agente del movimiento, mantiene al móvil en su estado de movimiento sin necesidad de acciones ulteriores.

Precursor también de la teoría de la formación de las imágenes ópticas y de la cinemática o ciencia del movimiento.

Citas

" [...] uno que quiere saltar una gran distancia se va hacia atrás un trecho largo para alcanzar una mayor velocidad, de forma que corriendo pueda adquirir un 'ímpetus' que lo lleve más lejos en el salto. Así, quien corre de esta manera no siente el aire que le empuja - contra la opinión de Aristóteles- sino más bien el aire enfrente que le hace resistencia"[2].

"De acuerdo [con esta manera de ver las cosas] desde el mismo momento de la creación del mundo, Dios hizo moverse los cielos con movimientos idénticos a aquellos con los que todavía se mueven. Él les imprimió 'impeti' diversos en función de los cuales continúan moviéndose con velocidad uniforme. Debido a que estos 'impeti' no encuentran ninguna resistencia que se les oponga, no se destruyen ni se disminuyen"[3].

"Ya que la Biblia no dice que sean determinadas inteligencias las que mueven los cuerpos celestes -como

---

[2] M. Clagget, *The sciencie of mechanics in the middle ages* (Madison: U. of Wisconsin Press, 1961).

[3] P. Duhem, *Etudes sur Leonard de Vinci*, 3:52.

es la opinión de Aristóteles-. También podría responderse que Dios, cuando creó el mundo, movió [cada cuerpo] en su órbita celeste según le plació, y al moverlos les imprimió los 'impeti' con los que se movieron, sin necesidad de volver a moverlos excepto por el método de la influencia general por las que Él concurre como co-agente en todo lo que sucede"[4].

Comentarios

Es difícil exagerar la importancia de J. Buridan, y la de su discípulo N. Oresme, en el origen de la mecánica o ciencia del movimiento, que él inmediatamente relaciona con el movimiento en mayor escala de los cuerpos celestes. Según P. Duhem[5], pionero de la historia de la Física, "si uno quisiera separar con una línea divisoria el reino de la ciencia antigua del de la ciencia moderna, debería trazar la línea en el momento preciso en el que J. Buridan concibió su teoría [del 'impetus'] ".

Por otra parte es patente que Buridan parte de un mundo creado de la nada y en el tiempo. Su monoteísmo es cristiano. Dios es un Dios Creador que le envió a su hijo Unigénito, porque habiéndolo creado bueno, el primer hombre, Adán, y la primera mujer, Eva, obraron mal contra su mandato, y el mundo necesitó un Redentor tan grande.

Cabe notar, como lo hace S.L. Jaki[6], que la mayoría de los sabios judíos o musulmanes medievales, monoteístas también, eran por otra parte proclives a un cierto panteísmo o eternalismo, que difuminaba la visión de un mundo creado por Dios, de la nada y en el tiempo.

---

[4] M. Clagget, *Ibídem.*

[5] P. Duhem, *Etudes sur Leonard de Vinci*, p. IX

[6] S.L. Jaki, *God and the Cosmologists*, p. 199 (Washington: Requery Gateway 1989).

Galileo Galilei (1564-1642)

Físico[1], astrónomo y matemático italiano, pionero como experimentalista y como teórico de las leyes fundamentales de la mecánica, desarrolladas de forma definitiva por Newton un siglo después.

Estudió primero Medicina en Pisa y se dedicó luego a la física y a las matemáticas, siendo profesor en varias universidades italianas a lo largo de su vida.

Son famosas sus observaciones experimentales referentes a la caída de los cuerpos graves, al período isócrono de las oscilaciones de los péndulos de distinta longitud, al uso de la balanza hidrostática, al movimiento de bolas sobre planos inclinados y a la trayectoria

---

[1] *The New Columbia Encyclopedia* (Distributed by J.B. Lippincott and Company: New York and London, 1975).

parabólica de los proyectiles sometidos a la atracción terrestre. Galileo fue también el primero en intentar medir la velocidad de la luz, aunque no disponía de los instrumentos adecuados.

Por otra parte construyó y utilizó telescopios que le sirvieron para la observación de la Luna, los planetas de nuestro sistema solar y las estrellas.

Fue defensor apasionado del sistema heliocéntrico, propuesto por Nicolás Copérnico treinta años antes de que él naciera. Este sistema había recibido diversa aceptación como hipótesis en las universidades europeas de la época antes de producirse el conflicto de Galileo con la Inquisición Romana. Las teorías copérnicanas habían sido estudiadas sin dificultad décadas atrás en Salamanca, y habrían sufrido por otra parte, condenas terminantes de Lutero y otros reformadores.

En 1616 se le exigió a Galileo que enseñara la doctrina heliocéntrica como una hipótesis y no como un hecho demostrado, dada la insuficiencia de las pruebas que presentaba. Estas relacionaban el movimiento de la Tierra con la existencia de mareas, y no convencían a nadie porque, de hecho, eran erróneas. La obra de Copérnico De la revolución de las orbes celestes quedó temporalmente suspendida "hasta que fuese corregida" en ciertos lugares en los que se pedía que se hablara como hipótesis. En paralelo, se le pidió oralmente a Galileo que se abstuviera de enseñar la doctrina copernicana salvo como hipótesis. Él acepta, y una edición cinco años posterior de la obra de Copérnico en la que se introducía esta matiza- ción fue permitida. En 1632, Galileo publica su obra Diálogo sobre los dos mayores sistemas del mundo, en la que, rompiendo su compromiso, vuelve a presentar las mareas como prueba de la tesis heliocéntrica. Por faltar al mandato que se le dio, fue procesado en Roma en 1633. La Inquisición le obligó a vivir por un tiempo en una villa romana próxima al Vaticano, con un servidor personal a cargo de la Santa Sede.

Galileo es, sin duda, uno de los grandes pioneros de la ciencia moderna.

Citas

"En todas mis obras no habrá quien pueda encontrar la más mínima sobra de algo que recusar de la piedad y reverencia de la Santa Iglesia"[2].

Una de sus hijas, monja, recogió en el lecho de muerte su última palabra. Esta fue: "Jesús"[3].

Comentarios

Galileo poseía, además de una inteligencia preclara y una tenacidad bien probada, una personalidad tenaz y combativa, fácil para hacer amigos y también enemigos, según se desprende de sus escritos y de los avatares de su vida.

En el conflicto con la Inquisición se podría decir que, paradójicamente, Galileo estuvo acertado en el terreno teológico - bien asesorado por algunos eclesiásticos copernicanos, como el carmelita Foscarini, hizo notar en la línea de algunos Santos Padres de los primeros siglo cristianos, como por ejemplo San Agustín, que la Biblia nos dice "cómo ir al Cielo, no cómo van los cielos"- pero no tanto en el terreno científico - los argumentos aducidos a favor de la tesis heliocéntrica, como la existencia de las mareas, estaban equivocados, mientras que algunas objeciones propuestas por sus adversarios, como la aparente ausencia de paralaje u oscilación en la posición anual de las estrellas más próximas y brillantes con respecto al fondo de las estrellas más lejanas eran científicamente serias-.

La confirmación definitiva del sistema copernicano, que en tiempos de Copérnico, Kepler y Galileo era solo altamente plausible, aunque había sido propuesto casi dos mil años antes por el griego Aristarco de Samos -sin que tuviera seguidores- tuvo que esperar aún doscientos años más para que Bessel, al observar el paralaje de α-

---

[2] Vittorio Messori, *Leyendas Negras de la Iglesia*, 4ª ed. (Planeta: Barcelona 1997).

[3] *Ibíd.*

Centauri -menos de un segundo de arco-, y Foucault, al mostrar la rotación diurna de la Tierra con su famoso péndulo, lo probaran de modo indiscutible. Para entonces, aunque algunos científicos contemporáneos pudieron haber saludado la hazaña con un "Copernicus triunphaus"[4] ya el genio de Newton había validado suficientemente la intuición de Copérnico.

El conflicto entre Galileo y la Inquisición no supuso para los contemporáneos poner en entredicho la infalibilidad del Papa -amigo personal del Papa, por otra parte, cuando era Cardenal-. Si se hubiera producido el conflicto después de 1870, clausura del Concilio Vaticano, en el que la Iglesia Católica definió en términos estrictos la infalibilidad pontificia como limitada a las declaraciones solemnes *ex catedra* en materias de fe y costumbres -excluyendo por tanto materias propiamente científicas- no habría habido ocasión a utilizarlo, como se ha dicho frecuentemente, en contra de la infalibilidad del Papa. Una encuesta realizada hace pocos años por el Consejo Europeo, entre todos los estudiantes de ciencias de países comunitarios, citada por V. Messori[5], dio como resultado que el 30% de ellos pensaba que Galileo había sido quemado vivo, y que el 97% pensaba que había sido sometido a tortura. En ambos casos estaban muy mal informados.

Galileo Galilei vivió y murió como católico toda su vida. Aunque su vida moral no fue del todo ejemplar -convivió varios años con Marina Gamba, de la que tuvo un hijo natural y dos hijas, sin querer casarse con ella-, nada en su obra y en su vida autoriza a poner en duda la sinceridad de su fe en Dios. Y, como hemos visto, murió como un católico devoto.

---

[4] Jaki, The relevante of physics (University of Chicago Press: Chicago 1966).

[5] Vittorio Messori, Ibíd.

Sir Isaac Newton (1642-1727)

Nació en Woolsthorp, Lincolnshire (Inglaterra) en 1642 y murió en Londres en 1727.

Fue hijo prematuro de un padre extravagante, muerto antes de su nacimiento. Su madre, al casar de nuevo, le abandonó con una abuela durante los años de su niñez y adolescencia[1].

Considerado y admirado universalmente como el científico más grande de todos los tiempos. Estudió en Cambridge y fue profesor de la misma universidad conde ocupó la cátedra Lucasiana, como profesor de matemáticas. Varios científicos distinguidos han ocupado esa cátedra desde entonces, y su actual ocupante es el profesor S. Hawking. Sus descubrimientos más importantes en Física -gravitación universal-, en Matemáticas -cálculo infinitesimal- y en Óptica - descomposición de la luz en el espectro de colores puros- fueron realizados en el corto período de 1664-1666, cuando la universidad estuvo cerrada por causa de la peste.

En 1687 publicó sus trabajos de mecánica terrestre y mecánica celeste en su *Philosophiae naturalis principia mathematica*, una de las piedras miliares de la ciencia moderna, que pronto fue conocida y reeditada en toda Europa. En ella, la primera parte introduce y utiliza sistemáticamente las tres leyes fundamentales de la mecánica, que definen el movimiento inercial, anticipado por Buridan. En la segunda estudia el movimiento de los fluidos y otros temas. En la tercera estudia el sistema del mundo, unificando la mecánica terrestre y la celeste, explicando así las leyes planetarias de Kepler.

En su *Óptica* expone una teoría corpuscular, que utiliza para explicar fenómenos ópticos. Describe los famosos anillos de Newton, estudiados experimentalmente por él mismo. También construye un telescopio reflector. Durante largos años le dedicó mucho de su tiempo y energía a la alquimia y al estudio de algunas profecías y disquisiciones teológicas.

Fue presidente de la Royal Society (1703-1720) y miembro del Parlamento por la Universidad de Cambridge.

---

[1] *The New Columbia Encyclopedia* (Distributed by J.B. Lippincott and Company: New York and London, 1975).

En las palabras de Einstein[2], recogidas en el prólogo a una nueva edición la *Óptica* de Newton: "La naturaleza fue para él un libro abierto, cuyas letras podía leer sin esfuerzo. Las concepciones que él utilizó para reducir el material de sus experiencias a un orden -bien organizado- parecían fluir espontáneamente de las experiencias mismas, de los bellos experimentos que él diseña ordenadamente, como juguetes, y describe con cuidadoso lujo de detalle. En una persona reunía al experimentalista, al teórico, al mecánico y, no menos importante, al artista en la exposición. Él permanece ante nosotros fuerte, seguro y solitario: su felicidad al crear y su minuciosa precisión son evidentes en cada palabra y en cada figura".

Citas

"La principal tarea de la filosofía natural es argüir a partir de los fenómenos sin fingir la hipótesis y deducir las causas de los efectos, hasta llegar a la primerísima causa, que ciertamente *no* es mecánica"[3].

"Este bellísimo sistema del Sol, los planetas y los cometas pudo surgir solamente del consejo y dominio de un Ser inteligente y [todo]poderoso"[4].

Comentarios

Como es bien sabido, Immanuel Kant quiso más tarde utilizar el prestigio de Newton -que Hume había intentado apropiarse indebidamente-, para desbancar las vías tradicionales hacia la existencia de Dios. ¿Estaba bien fundamentado para hacerlo? No es cuestión de

---

[2] *A Biographical Dictionary of Scientist* (Wiley Interscience: London 1969).

[3] I. Newton, *Optics*, p.367, Query 28.

[4] Idem, *Mathematical Principles of Natural Phylosophy and Hys System of the World*, translated and edited by F. Cajori, p.544 (University of California Press: Berkeley 1934).

entrar en ello[5] a fondo. Pero la respuesta es un rotundo *no*, a pesar de los ríos de tinta de tantos autores modernos y contemporáneos en sentido afirmativo.

Newton, como científico, como metafísico -a pesar suyo-, y como creyente, sigue en su obra la vía media *realista* entre el empirismo vacío de un Roger Bacon y el idealismo dogmático, no menos vacío de un René Descartes. Según el gran historiador contemporáneo S.L. Jaki, el diseño mecánico de los seres materiales propiciaba, para Newton, el que la mente humana postulara de forma natural una causa no mecánica, es decir, espiritual. Así lo hizo Newton, el científico creador, al postular un mundo físico perfectamente exacto sobre la base de datos que no estaban en perfecto acuerdo con las leyes que él había formulado. Hasta se permitió el lujo, quizá humanamente perdonable, de "retocar" exquisitamente[6] los datos experimentales disponibles, nunca del todo perfectos, para ponerlos en línea con la ley newtoniana de la gravitación, que va como el inverso del cuadrado de la distancia.

El Pantocrátor -Dios rey del universo- que aparece en el *Scholium Generale* de sus *Principia* es cualquier otra cosa menos el Dios lejano y desinteresado de las cosas del mundo de los deístas de la Ilustración, precursores del ateísmo contemporáneo.

No todo es admirable en Newton, por otra parte. Algunos investigadores modernos atribuyen en parte su carácter neurótico a las circunstancias familiares desfavorables de su niñez. Sus manuscritos privados conservados en Cambridge, ponen de manifiesto que Newton dedicó muchos años y muchas energías a la alquimia y a especulaciones filosóficas teológicas excéntricas[7]. Ellas muestran que Newton estuvo

---

[5] Ver S.L. Jaki, *The road of science and the ways to God* (University of Chicago Press. Chicago 1978) y referencias contenidas en la obra

[6] R.S. Wastfall, *Newton and the fudge factor*, Science *179*, 753 (1973)

[7] Ver abundantes citas en Carlos Solís Santos, *Leche para los niños, pernil de oso para Mr. Newton*. Revista de Occidente, Enero 1987, n° 68, pp. 41-66.

profundamente preocupado por el problema del ateísmo, pero, buscando una simplificación racional de los misterios de la fe cristiana, llegó a adoptar posiciones arrianas, negando la divinidad de Cristo -lo que ocultó probablemente para evitar choques con la Iglesia Anglicana oficial-. Sus críticas y sus controversias con Descartes, Hook y Leibniz, muestran su carácter intolerante e irascible. El uso y el abuso de las fuentes egipcias, judías y herméticas, mezcladas con citas bíblicas para formular profecías en sus escritos privados, contrasta fuertemente con la claridad y rigor de sus grandes obras, como los *Principia* y la *Óptica.*

En todo caso, Newton fue un hombre intensamente religioso, y vio en Dios al Ser supremamente inteligente y poderoso, autor del bellísimo sistema Solar, la Tierra y los planetas sometidos a su dominio.

Alessandro Volta (1745-1827)

Nació en Como (Italia) el año 1745 y murió en la misma ciudad en 1827.

Miembro de una familia aristocrática, se interesó pronto por las ciencias naturales y aprendió francés en la escuela secundaria, lo que le permitió estar al corriente del desarrollo científico contemporáneo[1]. Pionero en el estudio de fenómenos eléctricos. Su primer trabajo lo publicó a los 24 años. En 1775 fue nombrado profesor en Como y, tres años más tarde, pasó a la Universidad de Pavía, de la que fue rector. Expulsado en 1799 por razones políticas, pasó a París, de donde volvió más tarde a Pavía y fue rector de nuevo hasta que se retiró en 1815.

El descubrimiento y puesta a punto de la batería eléctrica, anunciado en 1800 al presidente de la Royal Society, Sir Jo- seph Banks, abrió la puerta al estudio sistemático de los fenómenos eléctricos, al poner en manos de los investigadores una fuente fiable de corrientes intensas. Su uso por parte de H. Davy y M. Faraday permitió la investigación del fenómeno de la electrólisis y de sus importantes aplicaciones. Las baterías diseñadas por Volta consistían en una pila de discos, alternativamente plata y zinc, con un material absorbente humedecido en agua entre los discos[2].

La unidad de diferencia de potencial eléctrico, el voltio, lleva su nombre.

Citas

"No entiendo que nadie pueda dudar la sinceridad y constancia de mi apego a la religión que profeso, la Romana, Católica y Apostólica, en la cual nací y crecí, y la que he confesado siempre interna y externamente".

"Cierto, he faltado demasiado a menudo en llevar a cabo esas buenas obras que son marca de un buen cristiano y un buen católico, y he sido culpable de muchos pecados; pero por misericordia especial de Dios no he flaqueado en mi fe, en lo que me alcanza. Si mis ofensas y transgresiones han dado ocasión a alguno para creerme sospechoso de incredulidad, aquí, a modo de reparación, y para cualquier otro propósito que pueda

---

[1] *A Biographical Dictionary of Scientists* (Wiley Interscience: London 1969)

[2] A. Volta, *On the electricity exited by mere contact of conducting substances of different kinds* (1800)

servir, le aseguro a tal persona, o a quien quiera que sea, que estoy preparado para mantener esta declaración, cueste lo que cueste, en cualquier circunstancia; que yo he creído siempre y sigo creyendo en la santa fe católica, que es la única religión verdadera; y que doy constantemente gracias a Dios porque ha infundido en esta mi fe, en la que deseo vivir y morir, con esperanza firme de la vida eterna.

En esta fe reconozco un puro regalo de Dios, una gracia sobrenatural; pero no he descuidado por ello los medios para confirmarla, y para desechar las dudas que de vez en cuando han surgido. Estudié atentamente los fundamentos y las bases de la religión, los trabajos de apologistas y adversarios, las razones a favor y en contra, y debo decir que, como resultado de estas investigaciones, ha quedado -para mí- revestida de tal grado de probabilidad, aun desde el punto de vista de la mera razón, que -creo- cualquier espíritu no pervertido por el pecado y la pasión, cualquier espíritu naturalmente noble, debiera amarla y aceptarla.

Milán, 6 de enero de 1815"[3]

Comentarios

Esta solemne declaración de Volta merece ser puesta en su contexto. A primeros de 1815 el canónigo Giacomo Ciceri, que conocía personalmente a Volta, asistió en su lecho a un hombre a punto de morir, con el buen deseo de prepararlo para su muerte. A la solicitud del canónigo, el hombre replicó que la religión era solo buena para la gente vulgar, propensa a dejarse llevar por sus emociones, y que a los hombres de ciencia, entre los que se contaba, no les importaba la religión en absoluto. El canónigo dio como prueba en contra el nombre de Volta, lo que hizo cierta impresión en el librepensador. Le replicó este que

---

[3] La copia autógrafa se mantuvo hasta el fuego habido muchos años después en la exposición sobre Volta en Como, el 8 de julio de 1899. Ver C. Grandi Cf Stimmen aus Maria-Laach LIV, Freiburg 1900, 1-25, 138-156 (Citado por K. A. Kneller).

si la religión de Volta no era un *show*, sino realidad, estaría dispuesto a profesarla. Ciceri, entonces, escribió a Volta, obteniendo como respuesta la carta del 6 de enero de 1815 recogida más arriba.

La evidencia más clara del amor de Volta por su fe la encontramos en su disposición para implantarla en otros[4]. Cualquiera que hubiera visitado en aquel tiempo la iglesia parroquial de San Domingo, la tarde de un día de fiesta, podría haberse encontrado con volta en medio de un grupo de niños, enseñándoles el catecismo.

Alessandro Volta fue, sin duda, un creyente sincero y fervoroso. "Los descubrimientos modernos, las leyes que hemos conseguido alumbrar, los caminos que hemos abierto, no debieran provocar ningún prejuicio -en otros- contra las viejas verdades, ni sacar a los hombres del camino pisado por tantos pies"[5].

---

[4] Ibíd., p. 114.

[5] Ibíd. Ver también nota biográfica en la memoria de la Regia Academia di Science, Lettere ed. Arti, Modena XVII, Modena 1877, pp. 159-196

Jean Baptiste Biot (1774-1862)

Nació y murió en París. Su carrera[1] empezó con el servicio militar en Artillería. Estudió en París, en la Ecole Polytechnique. Fue profesor en Beauvais. A la temprana edad de veintiséis años fue llamado a París para ocupar la cátedra de Física en el College de France.

---

[1] A *Biographical Dictionary of Scientists* (Wiley Interscience: London 1969).

Con otro gran físico francés, Felix Savart, descubrió y formuló la ley fundamental que describe el campo magnético producido por una corriente.

Sus numerosas contribuciones científicas incluyen además el estudio de los índices de refracción de los gases -con F. Arago-, de la composición de los meteoritos, y de los conocimientos astronómicos de los antiguos, en particular el Zodiaco de Dondera. Tuvo especial importancia [2] su estudio sobre la actividad óptica de numerosas sustancias orgánicas, y fue el primero en caracterizar este fenómeno como debido a la rotación del plano de polarización de la luz al propagarse en ellas.

Fue comisionado y viajó a España con F. Arago para medir un arco de meridiano terrestre, la primera de una serie de importantes expediciones geodésicas y astronómicas internacionales.

Miembro de tres de las cinco Academias de Francia, fue muy celebrado a mediados del siglo pasado como físico, como historiador de la ciencia y como estilista.

Biot no fue siempre católico[3]. Bajo la influencia de lso círculos racionalistas del París en los primeros años del siglo XIX, el ejemplo de algunos de sus parientes más cercanos le llevó de nuevo a la fe de su niñez. Vivió y murió como católico fervoroso los treinta últimos años de su vida.

Citas

El libro de K. A. Kneller no contiene citas directas de escritos de Biot. Sin embargo nota que intervenciones suyas en la Academia, obituarios de otros sabios franceses creyentes de la época -el gran matemático A. Cauchy-, ponen de manifiesto la fe de Jean Baptiste Biot.

Comentarios

---

[2] J. R. Partington, *A history of chemistry*, vol. IV, 1964.

[3] K. A. Kneller, *Christianity and leaders of modern Science* (Real View Books: Michigan 1995).

Su amigo y confesor, el P. Ravignan, en una carta[4] agradeciendo a Biot el recibo de una memoria sobre A. Cauchy, le dice: "Este es Cauchy en carne y hueso, ¡y usted mismo en carne y hueso! Pone de manifiesto para todos, en los mejores términos, la íntima alianza entre la verdadera ciencia y la verdadera fe".

El Abate Moligno[5] cuenta, también expresivamente, la ordenación sacerdotal de un nieto de Biot en la que él estuvo presente: "[Biot] había manifestado la más viva alegría por la entrada de su nieto M. Millière [en el seminario] y fue una escena muy emotiva ver al augusto y sabio recibir la Sagrada Comunión en la Basílica de Saint Etienne du Mont de manos de un joven sacerdote que le llamaba abuelo".

No hay que decir que el retorno a la fe de Jean Baptiste Biot no había sido vista con buenos ojos por algunos de sus colegas de la Academia.

---

[4] A. de Ponlevoy, *Vie du R. P. Xavier de Ravignon*. (París 1900).

[5] A. Moligno, *Cosmos XX*, 203 (París 1862).

Augustin Fresnel (1788-1827)

Nació en Broglie, Eure, y murió en Ville d'Abray, cerca de París, a los 39 años. Hizo contribuciones muy importantes a la teoría ondulatoria de la luz, estableciendo la naturaleza transversal de la polarización de la luz, y también a la óptica aplicada, diseñando lentes especiales, hechas de anillos concéntricos, con variaciones progresivas del radio de curvatura, de tal manera que eliminaban la aberración esférica y superaban con creces a los espejos reflectores metálicos. Los cálculos de Fresnel forma aún hoy la base del diseño de los faros marinos[1].

Destacó pronto en matemáticas, lo que le permitió entrar en la Ecole Polytecnique, en la que su mala salud no le impidió conseguir altas distinciones. Se cualificó como ingeniero en la Ecole des Ponts et Chaussés y prestó servicio en el departamento de la Verdie (La Drome) hasta 1815. Cuando Napoleón regresó de Elba, Fresnel se consideró obligado por su juramento a servir en las fuerzas realistas. Como resultado fue separado del servicio, lo que le concedió tiempo en abundancia para sus estudios científicos, hasta que sus superiores le restauraron al servicio. Los ensayos publicados en el período 1819-1827 sobre refracción, interferencia y polarización de la luz fueron pocos en número pero cada uno de ellos una obra maestra[2].

Citas

Según K.A. Kneller[3], el editor de sus obras completas no mostró demasiada inclinación a recoger datos sobre el carácter profundamente religioso de A.Fresnel, y apenas nos da información sobre este aspecto de su vida. Pero fragmentos de cartas de sus familiares más cercanos y de alguno de sus amigos más íntimos son suficientes para dejar constancia del mismo.

"Pido a Dios que le dé su gracia a mi hijo [Agustín] para que emplee los grandes talentos por él recibidos para su propio beneficio, y para el Dios de todos. Se pedirá mucho de aquel que mucho ha recibido, y más de quien ha recibido más[4].

Carta de su madre (1802)

---

[1] *A Biographical Dictionary of Scientists* (Wiley Interscience: London 1969)

[2] *Oeuvres completes d'Agustin Fresnel*, 3 vols. (París 1866).

[3] K. A. Kneller, *Christianity and leaders of modern Science* (Real View Books: Michigan 1995)

[4] *Oeuvres completes d'Agustin Fresnel*, 3 vols. (París 1866

"Es sobre todo por la práctica de las virtudes, las más conmovedoras, por las que él creía poder justificarse hacia la humanidad y satisfacer su conciencia. Me corresponde a mí... que le asistí en sus últimos momentos, y he recogidos sus últimas palabras, decir cuáles eran sus principios severos e invariables, su adoración por la virtud, que él colocaba muy por encima de la ciencia y del genio"[5].

Testimonio de su amigo Duleau

Comentarios

Agustín Fresnel fue un genio que tomaba sus propios dones intelectuales como un regalo de Dios. Su vida y su muerte fueron ejemplares.

Huygens y Young le precedieron en proponer la naturaleza ondulatoria de la luz, pero se requería el genio matemático de Fresnel para dar a esta propuesta una formulación definitiva[6].

Fraunhofer, Fizeau, Foucault, fueron los que, en la primera mitad del siglo XIX, desarrollaron la teoría ondulatoria de la luz. Todos ellos, según numerosos testimonios[7], fueron hombres de ciencia y de fe.

---

[5] Duleau, Notice, in Rerne Encycl. XXXIX, París, spt. 1828, pp. 566-567.

[6] Andrade e Silva y G. Lochak, Los cuantos, p.4, Biblioteca para el hombre actual (Guadarrma: Madrid, 1969).

[7] K. A. Kneller, Ibíd. p. 146.

André Marie Ampére (1775-1836)

Nació en Lyon y murió en Marsella a la edad de 61 años, después de una vida extraordinariamente fructífera y no exenta de dolorosísimas experiencias personales, como la muerte de su padre en la guillotina en 1793, durante el período subsiguiente a la Revolución Francesa, y la de su joven y querida esposa en 1804.

Ampère, que en buena medida fue un autodidacta[1], mostró a edad temprana una memoria fenomenal y una gran capacidad para las matemáticas. Como Pascal, había elaborado un manual sobre las cónicas -parábolas, hipérbolas, elipses- a los trece años. Se ganó la vida de muy joven dando clases particulares de matemáticas, hasta que fue designado Profesor de Física en Bourg. Allí redactó sus *Considerations sus la théorie mathématique du jeu* -Consideraciones sobre la teoría matemática del juego- que pronto le valió una cátedra en Lyon. Pasó desde allí a la Ecole Politechnique y, finalmente, al College de France.

Hizo importantes contribuciones a las matemáticas y la química. Redescubrió, independientemente, el número de Avogadro, que especifica el número de partículas contenido en un mol o peso molecular en gramos de cualquier sustancia. Pero su aportación capital, histórica, fue la formulación de una de las leyes fundamentales del electromagnetismo, la ley de Ampère. Escribió también sobre filosofía de las ciencias, y realizó una clasificación general de las mismas.

Fue hombre que poseyó todas las características de un genio científico: "visión amplia, agudeza, precisión infalible en la deducción" (R. Clausius, Bonn, 1885)

La unidad de corriente -amperio- lleva su nombre.

Citas

"Nosotros solo podemos ver las obras del Creador, pero, a través de ellas, subimos al conocimiento del Creador mismo. Exactamente como los movimientos reales de las estrellas están ocultos por sus movimientos aparentes, y sin embrago por la observación de los primeros determinamos los segundos, así Dios está oculto en cierto sentido por sus obras, y sin embargo es a

---

[1] *A Biographical Dictionary of Scientists* (Wiley Interscience: London 1969).

través de ellas como le discernimos, y como captamos pistas de sus divinos atributos"[2].

"Una de las evidencias más sorprendentes de la existencia de Dios es la maravillosa armonía por la cual el universo se preserva y por la cual los seres vivientes son dotados con todo lo necesario para la vida, para la reproducción y para el gozo de usar sus potencias físicas e intelectuales"[3].

Comentarios

Es interesante el relato del principal descubrimiento de Ampère[4]. Es una memorable sesión de la Académie des Sciences, el 11 de septiembre de 1820, Ampère presenció la repetición del famoso experimento de Oersted, realizado recientemente por este, usando las pilas de Volta. Volta, Oersted, Ampère, tres grandes científicos creyentes, juntos en el descubrimiento fundacional de la nueva ciencia del electromagnetismo.

Ampère se lanzó inmediatamente a trabajar sobre el tema, y en la siguiente sesión académica presentó una memoria sobre la interacción mutua entre hilos conductores de corrientes.

Había por entonces muchos otros científicos -Biot, Savart, Arago, Davy, Faraday, Fresnel, de la Rive- que estaban interesados en la interpretación física de los mismos hechos. Aunque unos y otros habían realizado aportaciones relevantes, no cabe duda de que la aportación personal de Ampère fue la decisiva para llegar a una interpretación concluyente del experimento. Dicha aportación se resume magistralmente en su *Me- moire sus la theorie mathematique de les phenomenes electrodynamiques*. Mediante una síntesis genial de teoría y experimento, Ampère había deducido la interacción

---

[2] K. A. Kneller, *Christianity and leaders of modern Science* (Real View Books: Michigan 1995) p. 122.

[3] *Ibíd.*, p. 123.

[4] *Memoire sus la theorie mathematique de les phenomenes electrodynamiques uniquement deduite de l'experience* (París 1826).

mutua entre dos elementos conductores en términos de las magnitudes de las corrientes, su separación, y la orientación relativa de las mismas. Suponiendo solamente que la interacción tenía lugar a lo largo de la línea que unía ambos elementos, esta fórmula daba una deducción matemática a partir de hechos experimentales de la misma manera que hizo Newton al formular la ley de la gravitación a partir de los datos del movimiento de los planetas expresados en las leyes de Kepler, sacadas de las magníficas observaciones previas de Tycho Brahe. En ambos casos, como es sabido, se cumplía que la interacción mutua entre dos elementos disminuía con el cuadrado de la distancia entre los mismos. ¡Qué manifestación más sencilla y espectacular de la unidad subyacente en interacciones naturales tan distintas!

Un gran amigo de Ampère, Federico Ozanam [5], beatificado en Roma hace pocos años por el Papa Juan Pablo II, dejó escrito lo siguiente: "Por encima de sus logros científicos -en Ampère- hay algo más que debe decirse; para nosotros, católicos, este raro genio tiene otros títulos para nuestra veneración y afecto... Esta cabeza venerable, con toda sus sabiduría y su gloria, se inclinaba sin reservas ante los misterios enseñados por Dios... codo a codo con las pobres mujeres y niños, más humilde de alma que el menor de ellos. Nadie pudo haber observado más escrupulosamente la austera, y dulce sin embargo, disciplina de la Iglesia... Pero lo más hermoso de todo era la obra del Cristianismo en el interior de su noble alma: la admirable simplicidad, su modestia, la de un genio que, sabiendo de todo, se contentaba con ser ignorante de su propia grandeza, esa probidad científica que no iba tras la gloria, sino tras la verdad a secas, cosa tan rara en nuestros días, ese carácter afable y comunicativo... tan comunicativo que sus ideas quedaban a la disposición de cualquier plagiario; finalmente la benevolencia hacia todo el que encontraba, especialmente a los jóvenes.".

---

[5] *Ouvres completes de A. F. Ozanam*, VIII, París 1872, p.89

A menudo sus conversaciones terminaban, según Ozanam, con exclamaciones como: "¡Qué grande es Dios, Ozanam, qué grande es Dios! Todo nuestro conocimiento queda en nada, absolutamente en nada".

Ampère no fue siempre un creyente fervoroso. Su padre, discípulo de Rousseau[6], se inspiró en el Emilio de este autor, para instruirle, y le indujo, de joven, a estudiar sistemáticamente la Enciclopedia de Diderot y DAlembert, de la que aprendió de memoria capítulos enteros. Su retorno a la fe cristiana fue precedido por un período de grandes dudas y luchas interiores. Por el tiempo de su más grandes descubrimientos era un creyente convencido y un católico ejemplar.

---

[6] *Maison d'Ampere-Guide de la Visite*. Societé des Amis d'André-Maríe Ampère, Poley Mieux (Rhone), 3ª ed. 1984.

Michael Faraday (1791-1867)

Nacido en Newington Surrey (Inglaterra), hijo de un herrero, su familia se trasladó a Londres, Vivió su niñez en la pobreza. "Mi educación... consistió apenas en aprender a leer, escribir y aritmética -elemental-". Murió cristianamente a los 76 años en Londres después de una larga y penosa enfermedad[1].

A los doce años era recadero de un librero y encuadernador en Londres, y fue aceptado, en un principio, sin paga, por su ejemplar conducta. En sus horas libres de aficionó a leer vorazmente. "Hubo dos [libros] que me ayudaron especialmente, la Enciclopedia Británica... y las Conversaciones sobre química de Mrs. Marcet". En 1812 ya estaba llevando a cabo, por su cuenta, investigaciones experimentales sobre la descomposición electrolítica. Después de asistir en la Royal So- ciety a una serie de conferencias de Sir Humphry Davy, notable científico y buen cristiano también, Faraday le envió sus notas encuadernadas pidiéndole empleo. Meses después, al surgir una vacante, Humphrey le ofreció el puesto de asistente de laboratorio. En 1821 empezó sus propias investigaciones sobre magnetismo, que le condujeron a la publicación, en 1831, de la primera serie de sus *Experimental Researches in Electricity*, hoy recogidos en la serie de *Great Books* de la Enciclopedia Británica.

Sus experimentos le llevaron a formular alguno de los principios fundamentales de la electricidad -ley de Faraday- y a realizar alguna de las investigaciones prácticas más notables en la historia, incluyendo la dinamo y el generador eléctrico, aplicados luego a gran escala en la industria. Pero él vivió y murió escaso de recursos.

Puso los fundamentos de la teoría clásica de campos, desarrollada más tarde por Maxwell.

Fue uno de los más grandes conferenciantes y popularizadores de la ciencia del siglo XIX en su Inglaterra natal, y fue traducido pronto a otros idiomas.

---

[1] *Great Books of Western World* (Encyclopedia Britannica, Inc. (Vol. sobre A. L. Lavoisier, J. B. Fourier y M. Faraday): Chicago, 21 reimpresión, 1977), p. 255.

Citas

"El gran fin para el que fue hecha [la energía magnética] parece adivinarse en la distancia ante nosotros: las nubes que lo oscurecen a nuestra vista parecen hacerse más tenues cada día, y no dudo que un descubrimiento glorioso del conocimiento de la naturaleza, y de la sabiduría y el poder de Dios en la creación, nos espera, y que no solo podemos esperarlo, sino que podemos honrarnos con ayudar a obtener la victoria..."[2].

"Nuestra filosofía, débil [poca cosa] como es, nos permite ver, en cada partícula de materia, un centro de fuerza que llega a una distancia infinita, uniendo juntos mundos y soles, permanentemente y sin cambio. Alrededor de esa misma partícula vemos agrupadas las potencias de los varios fenómenos de la naturaleza; el calor, el frío, la tormenta, la terrible conflagración, el vívido relámpago, la estabilidad de la roca y la montaña, la gran movilidad del océano, con su poderosa ola de la marea barriendo alrededor del globo en su viaje diurno, la danza del arroyo y del torrente, la gloriosa nube, el suave rocío, la lluvia cayendo, el concierto armonioso de todas las fuerzas de la naturaleza, hasta que al final la molécula surge según el plan poderoso ordenado para ella, y juega su parte en el regalo de la vida misma. Y así nuestra filosofía... debe conducirnos a pensar en Aquel que lo ha hecho; porque se ha dicho con una autoridad superior -citando a San Pablo en la *Epístola a los Romanos*-... que las cosas invisibles [de Dios], desde la creación del mundo, se hacen claramente visibles por las cosas creadas, hasta su poder eterno y sus divinidad"[3].

"¡Qué antigua y qué bella es la figura de la Resurrección! No puede aparecer a nuestros ojos sin tocar nuestro corazón"[4].

---

[2] Jones, *The life and letters of Faraday*, Y. 239.

[3] *Ibíd.*, 224-225

[4] *Ibíd.*, II, 133

Comentarios

Faraday, como sus padres, perteneció a un pequeño grupo cristiano, disidente tanto de los anglicanos como de los presbiterianos, que profesaba una fe sencilla en la divinidad de Jesucristo, don de Dios, cuyo fruto era la obediencia a la ley de Dios.

Como ponen de manifiesto las citas anteriores, Faraday fue un creyente convencido. Su sobrino Francis Bernard dijo en una ocasión al doctor Gladstone[5] que a las objeciones de los escépticos habría respondido simplemente: "¿Hay algo demasiado difícil para Dios?".

En sus días, Faraday fue tachado de enemigo del cristianismo, a pesar de todo lo dicho anteriormente. En 1860, en el calor de las polémicas levantadas por la publicación por aquellos días de la obra de Darwin, Faraday fue advertido de que un popular conferenciante había dicho que él había declarado que la vida era producto de la electricidad, y que en sus discursos de Oxford, Cambridge y Londres, había dicho que él había sido capaz de producir gusanos y otros pequeños animales manufacturados con ayuda de artilugios eléctricos y - finalmente- que había tenido que interrumpir sus discursos poco ortodoxos ante la reacción del auditorio. Faraday, en respuesta, afirmó que no había una palabra de cierto en todo lo afirmado por el conferenciante: "Nunca había dado conferencias en Cambridge, ni había tenido que suspender ninguna de sus conferencias en ninguna otra parte, habiendo siempre manifestado su respeto por la Biblia, la que creo es palabra de Dios". Así dio por terminado aquel gran hombre, profundamente sincero y sencillo, su desmentido.

---

[5] M. T. Thompson, *Faraday's Lebeb un Wisken*, 223 (Citado por K. A. Kneller en *Christianity and leaders of modern Science* (Real View Books: Michigan 1995)).

James Clerk Maxwell (1831-1879)

Nacido en Edimburgo (Escocia) y muerto a los cuarenta y ocho años en Cambridge, después de haber logrado crear la teoría electromagnética de la luz, una monumental contribución a la física solo comparable a la de Newton y quizá también a las de Planck y Einstein[1].

En 1847 entró en la Universidad de Edimburgo, donde leyó mucho, y donde dirigió los laboratorios de química y de física. Pasó luego (1850) al Trinity College, Cambridge. Allí empezó a sobresalir por su dominio de las matemáticas y su penetrante visión para aplicarlas a resolver problemas físicos. Pocos años después fue hecho Fellow del Trinity College, de donde pasó luego, como profesor de Filosofía Natural, al Marischal College (Aberdeen). Recibió en 1856 el premio Adams de la universidad de Cambridge, por su ensayo sobre la estabilidad de los anillos de Saturno. Nombrado profesor de Filosofía Natural y Astronomía en King's College (Londres), jugó aquí un papel destacado en la realización de medidas absolutas de la resistencia eléctrica. A la muerte de su padre, renunció a su cátedra en el King's College y se retiró a sus posesiones de Escocia, donde se dedicó por un tiempo a sus investigaciones y a escribir su tratado sobre electricidad y magnetismo. En 1871 fue nombrado Cavendish Professor de Física Experimental en Cambridge y, dos años después, publicó su obra maestra, *Teatrise on Electricity and Magnetism*[2]. A pesar de sus múltiples ocupaciones encontró tiempo para ser editor de la obra de H. Cavendish (1879).

Sus contribuciones en un campo totalmente distinto, el de la mecánica estadística y la teoría cinética de los gases, solo son comparables a las del alemán R. Boltzmann y las del norteamericano J.W. Gibbs. La estadística de Maxwell-Boltzmann, para gases no degenerados, estableció la pauta para las estadísticas cuánticas de Bose-Einstein y Fermi-Dirac, casi un siglo después. Formuló definitivamente la teoría clásica de campos, ejemplificada en las famosas cuatro ecuaciones que llevan su nombre.

---

[1] *A Biographical Dictionary of Scientists* (Wiley Interscience: London 1969).

[2] J. C. Maxwell, *Teatrise on Electricity and Magnetism* (Dover ed.: New Youk 1964)

Los que le conocieron íntimamente atestiguaron que James Clerk Maxwell era uno de los hombres más nobles que habían conocido. Fue esposo ejemplar y un buen cristiano practicante toda su vida.

Citas

"Mi viejo amigo. He leído sobre muchas religiones excéntricas: No hay nada, después de todo, como nuestra vieja religión de toda la vida".

A su amigo Mr. Colin Mackenzie[3]

"Ellos [los átomos] continúan hasta el día de hoy como fueron creados, perfectos en número, medida y peso, y podemos aprender el carácter imborrable impreso en ellos que aquellas aspiraciones por las exactitud, por la medida -precisa-, por la verdad en lo que se afirma, y por la justicia en la acción - cosas todas ellas valoradas como nuestros más nobles atributos como hombres-, son nuestros porque son constitutivos esenciales de la imagen de Aquel [Dios] que *en el principio creó, no solo el cielo y la tierra*, sino los materiales en que consisten el cielo y la tierra"[4].

"Lo que yo he querido decir -respecto de los átomos como cosas manufacturadas- no es tanto que la uniformidad del resultado sea debida a una uniformidad en el proceso de formación, sino más bien, que se trata de una uniformidad intentada y conseguida por la misma visión y por la misma potencia por las cuales tanto la precisión como la simetría, como la consistencia y la continuidad de plan de esa uniformidad, son atributos tan importantes como la maestría para conseguir esa especial utilidad de cada átomo -cosa- individual"[5].

---

[3] L. Campbell and W. Garnet, *The life of J.C. Maxwell* (1882), p. 416.

[4] Trabajo presentado por J. C. Maxwell a la Conferencia de la British Association en Bradford, recogido en *Nature* VIII, May-October 1873, pp. 437-441.

[5] Ver también artículo de J. C. Maxwell sobre *Atomo* en *Encyclopedia Britannica* III, Edimburg 1875, pp. 36-48.

"La completa similitud de los átomos [según Maxwell] viene atestiguada por el análisis espectral -luz absorbida y medida-. El análisis de la luz que nos llega de Sirius o Arcturus muestra que los átomos de hidrógeno en estos cuerpos distantes emiten los mismos rayos [de luz] y poseen las mismas propiedades que los átomos de hidrógeno en nuestro laboratorio. Esta similitud y unidad no puede ser resultado de un proceso de desarrollo. Ninguno de los procesos de la naturaleza, desde que la naturaleza empezó, ha producido la menor diferencia en las propiedades básicas de ninguno de ellos. Somos incapaces, por tanto, de adscribir o bien su existencia o bien su identidad a ninguna de las causas que llamamos naturales"[6].

"El ritmo de cambio de las hipótesis científicas es naturalmente mucho más rápido que el de las interpretaciones bíblicas, de tal manera que una interpretación fundada en tales hipótesis puede contribuir a mantenerlas a la vista mucho tiempo después de que haya merecido ser enterrada y olvidada"[7].

"Los resultados a los que llega un hombre cualquiera en sus deseos de armonizar su ciencia y su cristianismo no debieran mirarse como de especial significado, excepto para el hombre mismo -en cuestión-, y solamente por cierto tiempo"[8].

---

[6] *Nature* X, 15 October 1874, p. 481 (respuesta de J. C. Maxwell a las críticas recibidas por el artículo anterior en *Nature*, Ref. 4). Notar que cuando Maxwell escribe acerca de la inmutabilidad de los átomos no se conocía el fenómeno de la radioactividad. Sin embargo, el protón, núcleo de hidrógeno, se considera hoy estable, dentro del error experimental, y los elementos constitutivos del protón no pueden ser aislados en los experimentos realizados hasta el presente.

[7] Ver S. L. Jaki, *The relevance of physics* (University of Chicago Press. Chicago 1966)

[8] *Ibídem.* Notar que Maxwell no se opone a una armonía entre conocimiento científico y teología natural, sino a los frecuentes intentos, poco afortunados en muchas ocasiones, de establecer "concordismos" artificiales entre Ciencia y Biblia.

Comentarios

Maxwell, como ya hemos dicho, fue un cristiano practicante toda su vida. Leía siempre las oraciones de la noche con su familia[9]. "Atendía constante y regularmente a su iglesia, y raramente, si acaso en alguna ocasión, faltaba a unirse a nosotros en la celebración de la Santa Comunión, y contribuía generosamente a nuestras instituciones parroquiales de caridad. Pero su [última] enfermedad sacó a relucir su gran corazón, el alma y el espíritu de ese hombre: su firme fe, inasequible a la duda, en la Encarnación y en todas sus consecuencias; en el valor suficiente de la Redención; en la obra del Espíritu Santo"[10].

Maxwell escribe en 1878: "Por tanto, el progreso de la ciencia en lo que se nos alcanza, no ha añadido nada a lo que ya era sabido acerca de las consecuencias físicas de la muerte; sin embargo ha contribuido a profundizar la distinción entre la parte visible, que muere a nuestra vista, y la que nos hace ser nosotros mismos -nuestra personalidad-... que se manifiesta tanto con respecto a su naturaleza como a su destino, y que está definitivamente más allá del campo de la ciencia"[11].

Fue defensor declarado de la existencia del libre albedrío en el hombre. En su lecho de muerte se encontró, entre sus papeles, esta oración compuesta por él, oración de un hombre de ciencia:

"Dios Todopoderoso, que has creado al hombre a Tu propia imagen, y le has dado un alma viva para que pueda buscarte, y para que tenga dominio sobre tus criaturas, enseñándole a estudiar la obra de Tus manos para que podamos someter la tierra a nuestro uso, fortalece nuestra razón para Tu servicio y para recibir tu bendita palabra, y poder así creer en Aquel que nos has enviado para darnos el conocimiento de la salvación y la

---

[9] L. Campbell and W. Garnet, *The life of J.C. Maxwell* (1882), p. 507.

[10] *Ibíd.*, p.416

[11] *Nature* XIX, London, 19th December 1878, 142.

remisión de nuestros pecados. Lo que te pedimos en nombre del mismo Jesucristo nuestro Señor"[12].

¡Qué poco conocida, curiosamente, es esta admirable oración del gran Maxwell!

---

[12] L. Campbell and W. Garnet, *The life of J.C. Maxwell* (1882), p. 323.

Julius von Mayer (1814-1878)

Nació y murió en Heilbronn, Würtemberg (Alemania)[1].
Se dedicó primero al estudio de la Medicina. En 1840
viajó como doctor a Java, en un barco holandés. Al
sangrar a un paciente, notó que la sangre venosa era
inusualmente roja, lo que llevó su atención al origen del
calor animal, que había sido interpretado cincuenta años
antes por Lavoisier como debido a una lenta combustión.

---

[1] *A Biographical Dictionary of Scientists* (Wiley Interscience: London 1969)

El oxígeno, al respirar, transformaba en los pulmones la sangre venosa -más oscura- en sangre arterial -más roja-. De esta forma se conseguía mantener la temperatura del cuerpo. Mayer pensó, acertadamente, que en los trópicos el mantenimiento de la temperatura del cuerpo se hacía más fácilmente; la combustión requería menos oxígeno y, consecuentemente, la sangre venosa aparecía como más roja.

Se planteó el problema de determinar la relación cuantitativa entre calor y trabajo, que resolvió haciendo uso de la diferencia entre las medidas del calor específico de una gas a presión constante, en cuyo caso la adición de más calor se traduce en aumento de temperatura y en expansión -i.e. trabajo-, y el correspondiente al mismo gas a volumen constante, en cuyo caso no hay expansión. Resultados análogos fueron publicados poco después por un gran físico británico, James P. Joule.

Otros grandes científicos contemporáneos, A. Hipp - en Francia-, H. von Helmholtz -en Alemania-, contribuyeron a dar una formulación matemática más general. Pero Ma- yer y Joule, que midió con excelente precisión el equivalente mecánico del calor, son considerados justamente como los pioneros en establecer la ley de conservación de la energía, que es, en definitiva, el primer principio de la Termodinámica.

Clausius, al conocer los trabajos de Mayer, se manifestó "asombrado por la multitud de ajustadas y bellas ideas contenidas en ellos"[2].

Citas

"En el mundo no-viviente -inorgánico- hablamos de átomos; en el mundo vivo, de individuos. Pero el mundo vivo está hecho, como sabemos, no solo de partículas materiales, sino también, en su esencia, de fuerzas. Ahora bien, ni la materia ni la fuerza son capaces de pensamiento. Pero el hombre lo es... En el cerebro vivo se

---

[2] R. Clausius, *Die mechanische Wärmetheorie*, Y, Braunsch weig, 1887, p. 393; p. 326

producen cambios continuos. Pero es un gran error identificar estas dos actividades concurrentes. Un ejemplo manifestará esto de forma inequívoca. Las comunicaciones telegráficas, como todo el mundo sabe, no pueden establecerse sin un proceso químico simultáneo. Pero el mensaje transmitido por el cable, el contenido del telegrama, no puede, bajo ningún concepto, identificarse con el proceso electroquímico. Lo mismo vale, con una fuerza aún mayor, para la relación del pensamiento al cerebro. El cerebro no es el alma... Y el alma no es objeto [adecuado] de la investigación de la física o de la anatomía. El pensamiento subjetivamente exacto es también objetivamente verdadero. Si no fuera por esta inalterable armonía, preestablecida por Dios, entre sujeto y objeto, nuestro pensar sería necesariamente estéril -sin fruto-"[3].

Ciertamente, J.R. Mayer no era un reduccionista como alguno de sus distinguidos colegas contemporáneos y posteriores.

"No había leído nunca [escribe su amigo Rümelin], hasta 1841, un solo volumen de filosofía, ni por lo que yo sé, lo hizo después de ese año. Cuando le traje la Lógica de Hegel y el volumen de la Enciclopedia que contiene la Filosofía de la Naturaleza, me los devolvió a los pocos días, diciendo que no había entendido una palabra -ni una sílaba- y -creía- no poder llegar a hacerlo aunque continuara leyendo por cien años"[4].

"La teoría de Darwin -entendida, según se deduce del contexto, como evolución ciega y al azar, resultado del puro transcurrir del tiempo- no la podía sufrir, y en política era un vigoroso ultramontano"[5].

---

[3] *Discurso a la 43ª Asamblea de Naturalistas y Doctores Alemanes*, Innsbruck, 18-24 Sept., 1869.

[4] Obituario: Allgemaine Zeitung, 1879, Beilage Nr. 121, p. 1778 (Citado por K. A. Kneller en *Christianity and leaders of modern Science* (Real View Books: Michigan 1995)).

[5] Hovestadt en *Natur und Offenbanng* XL (1894), 15.

"La idea de la autoridad era tan dominante en él que, por un tiempo, soñó con una fusión de la disciplina católica y el dogma protestante. Por este tiempo [el de su convalecencia] se complacía mucho en la compañía de -algunos- sacerdotes católicos"[6].

"La firme convicción que tengo de la inmortalidad personal -basada en hechos científicos, sin referencia alguna a la Revelación- y de [la existencia de] una dirección más alta de la vida humana, fue mi mayor consuelo, cuando estreché entre mis manos la mano, ya fría, de mi madre moribunda"[7].

"Mis sentimientos tempranos [en su juventud] de que las verdades científicas eran a la religión cristiana lo mismo que los arroyos y los ríos son al océano, se han llegado a hacer mi convicción más vital [en la plenitud de la vida]"[8].

Comentarios

Las afirmaciones de un Dios Creador, de un alma espiritual, y de un destino eterno para el hombre, aparecen, una y otra vez, en las manifestaciones públicas y en la correspondencia privada de este gran científico alemán, pionero y codescubridor de una de las leyes más fundamentales de toda la ciencia física, el primer principio de la Termodinámica.

---

[6] Alllgemeine Zeitung, 1878, Beilage Nr. 122, p. 1795.

[7] Weyrauch, Kleine Schriften, 362.

[8] *Ibíd.*, 339-340

William Thompson, lord Kelvin (1824-1907)

Nacido en Belfast (Irlanda). Muerto en Netherhall, Largs, Airshire (Escocia). Universalmente reconocido en su tiempo, y posteriormente, por sus importantes y numerosas contribuciones a la teoría electromagnética, la termodinámica y a la interconversión de energía eléctrica y térmica[1].

Fue extraordinariamente precoz, habiéndose matriculado en la Universidad de Glasgow a los diez años. Profesor de Filosofía Natural en 1846, mantuvo esta posición por más de medio siglo. Fue un teórico consumado y un experimentalista fuera de serie. En el discurso dirigido a Lord Kelvin con motivo de su jubileo de oro -15 de junio de 1896-, en nombre de la Academia de Ciencias de Berlín, se dijo: "Ricas son ciertamente las adquisiciones de la Física de los últimos cincuenta años, pero sobresalen entre estas grandes conquistas el establecimiento y desarrollo de la Teoría Mecánica del Calor, y la vasta extensión de la teoría de la Electricidad con sus varias aplicaciones. A todas estas victorias ha contribuido usted en supremo grado.".

Son especialmente importantes sus contribuciones al electromagnetismo, estableciendo la analogía entre el campo electrostático y el campo de deformación elástica de un sólido rígido, que parece haber tenido influencia en Maxwell, así como sus contribuciones a la teoría del calor conciliando el significado del *segundo principio* de la termodinámica con el del *primer principio*, independientemente R. J. Mayer y E. Clausius[2].

Hizo también importantes contribuciones prácticas; jugó un papel importante en la construcción del primer cable transatlántico para comunicaciones telegráficas, inventó el registrador de sifón -que funciona con el mismo principio que las actuales impresoras de tinta-, mejoró notablemente el compás de navegar, construyó el primer galvanómetro de espejo, fue pionero en el estudio de oscilaciones eléctricas.

Descubrió el efecto termoeléctrico, conocido como efecto Thomson.

---

[1] *The New Columbia Encyclopedia* (Distributed by J. B. Lippincott and Company: New York and London 1975).

[2] *A Biographical Dictionary of Scientists* (Wiley Interscience: London 1969).

Estableció la escala absoluta de temperatura, basada en las propiedades de los gases. La unidad de temperatura absoluta es el Kelvin. Un K es igual a un °C, contando a partir del cero absoluto, igual a -273.15 °C.

Citas

"Todas esas conclusiones -acerca de la evolución de nuestro sistema planetario- están sujetas a limitaciones, ya que no sabemos en qué momento la creación de materia o energía ha podido tener un origen, más allá del cual nuestras especulaciones mecánicas no pueden conducirnos... Deberíamos recordar que el puro razonamiento mecanicista demuestra que hubo un tiempo en que la tierra no contenía nada; y (este) nos enseña que nuestros propios cuerpos, como los de las plantas y los animales vivientes... son formas organizadas de vida para las cuales la ciencia no puede apuntar antecedentes, excepto la voluntad de un Creador, verdad ampliamente confirmada por la evidencia geológica"[3].

"Apenas necesito decir que el comienzo y el mantenimiento de la vida en la Tierra están absoluta e infinitamente fuera del alcance de toda especulación razonable basada en la ciencia de la dinámica. La única contribución de la dinámica a la biología teórica es la absoluta negación del comienzo automático o el mantenimiento automático de la vida"[4].

"Pero hay a nuestro alrededor, por todas partes, pruebas muy poderosas de que existe un propósito inteligente y benévolo; y, si alguna vez, perplejidades, metafísicas o científicas, nos ponen de espaldas a ellas

---

[3] *On Mechanical Antecedents of Motion, Heat and Light*, Mathematical and Physical Papers by Sir W. Thomson II, Cambridge 1884, p. 37-38.

[4] *On the Age of the Sun's Heat*. Popular Lectures and Discourses I, by Sir W. Thomson, Cambridge 1884, p. 198.

por un tiempo, vuelven (después) sobre nosotros con fuerza irresistible, mostrando la influencia en la naturaleza de una voluntad libre, soberana y enseñándonos que los seres vivos dependen de un Creador y Gobernante eternamente activo"[5].

"(Kelvin) no habría podido decir, en relación al origen de la vida, que la ciencia ni afirmaba ni negaba un poder creador. La ciencia positivamente *afirma* ese *poder* creador. La ciencia es perfectamente capaz de hacer que cada u n o sienta el milagro de sí mismo..."[6].

"Hace cuarenta años le pregunté a Liebig (químico alemán, uno de los más grandes del siglo XIX), paseando por el campo, si él creía que la hierba, y las flores a nuestro alrededor, habían nacido meramente por (la acción) de fuerzas de naturaleza química. 'No. No lo creo. Como tampoco creo que un libro de botánica que describa (esta maravilla) haya podido surgir por puras fuerzas de naturaleza química'"[7].

"¡No tengáis miedo de ser librepensadores! Si pensáis suficientemente a fondo, os veréis forzados por la ciencia a creer en Dios, que es el fundamento de toda religión. Encontraréis que la ciencia no es antagónica sino servidora de la religión"[8].

Comentarios

---

[5] Report from the Forty-First Meeting of British Association for Advancement of Science (Edinburg 1871).

[6] The Times. Weekly Edition. Vol. XXVII, Nr. 1375, London, May 8th 1903. Suplement III.

[7] Reprinted from the *Nineteenth Century* in the American Catholic Quarterly Review XXVIII, Philadelphia 1903, 603 (citada, como las referencias previas, en el libro de Kneller).

[8] The Times. Weekly Edition. Vol. XXVII, Nr. 1375, London, May 8th to May 15th 1903. Suplement III. El artículo incluye la siguiente nota editorial: "La importancia de la opinión de Lord Kelvin aumenta, más que disminuir, por la hostil irreverencia que alguno de sus críticos manifestaron".

Los testimonios anteriores muestran suficientemente que Lord Kelvin veía como *necesario*, con toda naturalidad, un Dios creador, providente, y libre, aunque era perfectamente consciente de que los procesos naturales, incluso en los seres vivos, están sujetos a las leyes termodinámicas, ya los *dos principios universales* (conservación de la energía y crecimiento de la entropía) que él había contribuido magistralmente a formular en toda su generalidad.

El genio de William Thomson (Lord Kelvin) se manifiesta de una manera imprevista en una observación, hecha a fines del siglo pasado, cuando muchos de sus colegas contemporáneos sentían cierta complacencia en afirmar que la Física estaba acabada, y que solo quedaba completar resultados ya previstos y perfeccionar algunas medidas para conocer con más precisión las constantes físicas, como la de la gravitación, o la de la velocidad de la luz en el vacío. Kelvin observó que quedaban "*dos pequeñas nubecillas*" [9] por resolver, refiriéndose concretamente al espectro de la radiación del cuerpo negro y a las medidas de Michelson sobre la velocidad de la luz, que ponían en cuestión la existencia del éter. Para disipar estas "*dos pequeñas nubecillas*", fue necesario, ya en el siglo XX, que M. P. Planck y A. Einstein introdujeran la Teoría Cuántica y la Teoría de la Relatividad, respectivamente.

Kelvin polemizó con Darwin acerca del origen de la vida y de su evolución en la tierra. Al estimar muy por debajo la edad de la tierra [10], basándose en cálculos erróneos -en su época era apenas conocida la existencia de la radioactividad natural- concluyó que había transcurrido poco tiempo para que hubiera podido producirse la evolución de las especies. Darwin nunca hizo, ni podía hacerla -entre otras cosas por-que no conocía las leyes genéticas de Mendel, ni la existencia del

---

[9] Andrade e Silva y G. Lochak, *Los cuantos*, p. 45 (Biblioteca para el hombre actual (Guadarrama: Madrid 1969), Trad. M. Alario).

[10] J. Lastrow, *Red Giants and White Dwarfs*, p. 192-195. (Warner Books: New York 1980)

código genético en el ácido ribonucleico de las distintas especies- una estimación teórica del tiempo requerido para el origen de la vida y para su evolución, a partir de condiciones no especificadas.

Independientemente de errores de estimación en cuanto al tiempo transcurrido desde la existencia de la Tierra como planeta, y la del Sol como fuente de energía - notemos que en su tiempo se desconocía la existencia de las interacciones nucleares y de la enorme energía generada por la fusión en el interior del Sol, capaz de justificar una existencia continuada de miles de millones de años- Kelvin sostenía, como hemos visto, que puros procesos ciegos y al azar en la naturaleza inanimada eran insuficientes para justificar el origen de la vida, y la de su admirable diversificación a nuestro alrededor.

Max Planck (1858-1947)

Max (Cari Enrnst Ludwig) Planck nació en Kiel, de una familia con una larga tradición de profesores universitarios, abogados y servidores públicos. Murió en Götingen en 1947, poco después del final de la Segunda

Guerra Mundial, en la que su querida patria había quedado destrozada. Uno de los momentos más trágicos de su vida había sido el fusilamiento de su hijo Erwin en 1944, como consecuencia de haber tomado parte en complot contra Hitler[1].

Estudió Física en la Universidad de Münich, decidiéndose por esta disciplina en lugar de hacerlo por la Filología Clásica, o la Música, por las que también se sentía atraído, Planck fue un notable pianista, como Einstein -a quien él atraería a Berlín bastantes años más tarde- fue un buen violinista. Después de tres años en Münich pasó a Berlín para trabajar con Helmholtz y Kirchoff. Su tesis doctoral versó sobre el segundo principio de la termodinámica, pero intentó de discutirla con Clausius no tuvo éxito.

De Privat-Dozent en Múnich pasó en 1885 a Kiel, y de allí a Berlín, donde fue promovido a Profesor Ordinario -Catedrático- en 1892. Allí se despertó su interés por el problema de la emisión del cuerpo negro. Trabajo experimental realizado por ese tiempo en el Physicalish-Technische- Reichsanstalt (Berlín-Charlottenburg) mostraba que el espectro de emisión conectaba la intensidad de emisión con la longitud de onda según una dependencia que era independiente del material que constituía el cuerpo negro. Dicho espectro quedaba estrictamente especificado por la temperatura del cuerpo y nada más que por ella.

En este carácter absoluto de la emisión del cuerpo negro, Planck vio, acertadamente, que tenía ante sí un fenómeno natural de primera magnitud para profundizar en el carácter absoluto de las leyes físicas que gobiernan la naturaleza. Algo parecido a lo que describían las leyes fundamentales de la termodinámica.

Los esfuerzos laboriosos y tenaces de Max Planck le llevaron a formular los principios de la Teoría Cuántica de la Radiación, que explicaban satisfactoriamente el espectro de emisión del cuerpo negro y preparaban el

---

[1] *A Biographical Dictionary of Scientists* (Wiley Interscience: London 1969)

camino para explicar multitud de fenómenos microscópicos -efecto fotoeléctrico, calor específico de sólidos, espectro del átomo de hidrógeno, etcétera- y, años después, iban a permitir la formulación de la Mecánica Cuántica. Al mismo tiempo introdujo el concepto de constantes universales en Física, tomando como punto de partida el "cuanto" de acción (h) que lleva su nombre. Recibió el Premio Nobel de Física en 1918.

Citas

"El mundo externo representa algo independiente de nosotros, algo absoluto con lo que nos confrontamos, y la investigación de las leyes válidas para esta [realidad] absoluta me pareció [siempre] la más bella tarea en esta vida para un científico"[2].

"...(la constante h) hace posible la obtención de unidades de masa, longitud, tiempo y temperatura que son independientes de los cuerpos específicos y de las substancias [que los componen] y que mantienen su significado necesariamente para todo tiempo y para toda cultura, aun para culturas extraterrestres y extra-humanas, y [estas unidades] por tanto pueden ser designadas [justamente] como *unidades naturales*"[3].

"Sobre la entrada del templo de la ciencia están escritas las palabras: *Tú debes tener fe*. Es una cualidad sin la cual el hombre de ciencia no puede pasar"[4].

"Lo que me ha sido de más ayuda [en la vida] y lo que considero como un favor del Cielo es el hecho de que, desde mi niñez, esté plantada en lo más profundo de mi ser una fe en el Todopoderoso y Bueno por Excelencia, que no iba a ser rota por nada. Ciertamente sus caminos

---

[2] M. Planck, *Wissenschafliche Selbsbiographie* (1948) 3:375.

[3] *Ibídem.*, 1:666

[4] S. L. Jaki, *The Road of Science and the Ways to God*, Chap. 12 (The University of Chicago Press: Chicago 1978)

no son nuestros caminos, pero la confianza en Él nos ayuda aun a través de las más duras pruebas"[5].

Comentarios

Para poder afirmar la existencia de un Dios Creador es necesario afirmar primero, junto a nuestra existencia, la existencia de un universo objetivo, y reconocer en universo físico que nos rodea su admirable unidad, su consiste y su belleza. El panorama cultural y científico de la Europa de comienzos del siglo XX estaba dominado por un cierto positivismo materialista, que se identificaba en la práctica con un idealismo extremo, consistente en reducir todo el conocimiento humano a puras percepciones sensoriales, lo que negaba realidad objetiva al mundo físico -los extremos se tocan-. El máximo exponente de esta tendencia, en boga entonces en toda la Europa Central, y en particular en Alemania, era Ernst Mach. Y como dice uno de sus mejores biógrafos "Mach nunca se cansaba de criticar abusivamente los fundamentos *Cristianos* de la superioridad occidental". En esa coyuntura, Planck, que había trascendido, por la teoría de los cuantos, las leyes de la termodinámica clásica, se proclamó defensor decidido de la realidad objetiva del mundo físico, de su consistencia y de su unidad.

Planck, en 1906[6] concluía una conferencia famosa, pronunciada en Leiden, afirmando su confianza en la fuerza de la Palabra -con mayúscula-, que a lo largo de 1900 años nos ha dado una piedra de toque final, infalible, para distinguir los buenos profetas de los malos -"Por sus frutos los conoceréis"-, [Evangelio de S. Mateo, cap. 7, vers. 20]-. Hacía con ello referencia a la tesis de Mach de que la teoría física no tenía otro contenido que

---

[5] A. Hermann, *Max Planck in Selbstzengnissen und Bildocumenten* (Reinbek bei Hamburg: Rowohlt Taschen busch Verlag 1973)

[6] A Survey of Physics: A Collection of Lectures and Essays by Max Planck, trans R. Jones and D. H. Williams (Methuen and Co.: London 1925).

la pura *economía de pensamiento* en la ordenación de lo observado, negando toda consistencia racional.

Aunque parezca paradójico, a veces se necesita más entereza para denunciar la negación de le evidencia, que simplemente para negarla, aderezando la negativa con una dosis suficiente de erudición.

Es interesante también notar aquí que los conocidos enfrentamientos entre Albert Einstein y Niels Bohr sobre la validez objetiva de la realidad física tienen un notable paralelo con los enfrentamientos entre Planck y Mach. Bohr, padre de la llamada interpretación de Copenhague de la Mecánica Cuántica, negaba la existencia real de causalidad física en la naturaleza, lo mismo que había hecho antes Mach, que había influido mucho en los puntos de vista filosóficos de Bohr. Einstein, por su parte, que naturalmente, se daba cuenta del valor y fecundidad de la Mecánica Cuántica para describir los fenómenos del mundo atómico y subatómico -él mismo había sido uno de los primeros usuarios de la nueva física cuántica- no estaba dispuesto sin embargo a aceptar que dicha Mecánica Cuántica pudiera negar la existencia real de causalidad física y que, además, se proclamara punto final de toda la historia de la teoría física, como sostenía Bohr. Para ello, según Einstein, sería necesario esperar[7].

Planck, como Einstein, dijo en alguna ocasión que no admitía la creencia popular en los milagros. El clima intelectual de su época, y de la época actual, era y es poco favorable, en una perspectiva protestante o judía, a admitir la intervención directa de Dios en la historia. En cualquier caso, Dios no necesita para intervenir el permiso de Planck, ni el de Einstein, si lo considera oportuno.

Podemos afirmar, no obstante, que la obra y la vida de Max Planck son admirables, y que, ambas, según sus propias palabras, estuvieron apoyadas en una fe profunda en un Dios Todopoderoso.

---

[7] Ver S. L. Jaki, *Ibíd.*, Chap. 13

Albert Einstein (1879–1955)

Albert Einstein nace en Ullm (Alemania) el 14 de marzo de 1879 y muere en Princeton (Estados Unidos) el 18 de abril de 1955. Es sin duda una de las personalidades más conocidas del siglo XX. Se educó en Munich. A la edad de 16 años dominaba el cálculo diferencial e integral. Sus escasos conocimientos en disciplinas humanísticas le impidieron entrar en el ETH (Instituto Federal de Tecnología) de Zürich (Suiza) al fallar en el examen de ingreso. Siguiendo la recomendación del Principal de su Escuela Secundaria, obtuvo el diploma de la Escuela Cantonal de Aaran en 1896, lo que le permitió ser admitido automáticamente en el ETH, en el que obtuvo su diploma en 1900. Dos años más tarde consiguió ser contratado como experto técnico de tercera clase en la oficina de patentes de Berna. Seis meses después se casó con Mileva Maric, compañera de clase suya en Zürich. Tuvieron dos hijos. A la edad de 26 años, Einstein completó sus estudios de doctorado y empezó a escribir sus primeros trabajos científicos originales.

1905 fue su "annum mirabilis": en él publicó tres trabajos que hicieron época. Uno sobre la teoría de la relatividad especial, otro sobre el efecto fotorefractivo, utilizando con éxito la teoría cuántica primitiva formulada por Planck, y otro sobre el movimiento Browniano.

En 1909, después de haber sido conferenciante en Beru, fue invitado a incorporarse como Profesor Asociado a la Universidad de Zürich y dos años más tarde pasó a la Universidad de Praga como catedrático un año y medio después.

Y en 1913, Max Plack y Walther Nerst, en aquel tiempo las dos grandes figuras de la Física en Alemania, se desplazaron a Zürch para convencer a Einstein para que se trasladara como profesor de investigación a la Universidad de Berlín. Lo que él aceptó en 1914.

Después de divorciarse de Mileva Maric, que permaneció en Suiza, Einstein casó de nuevo con su prima Elsa en 1917.

Al principio de los años veinte Einstein viajó mucho por el mundo haciendo campaña a favor del Sionismo. Por aquel entonces, Philip Lenard y Johanes Stark, dos destacados físicos alemanes atacaron a Einstein y a su teoría de la relatividad, calificándola de "física judía" y obligándole a renunciar a su puesto en la Academia de ciencias Prusiana en 1933. Einstein viajó a los Estados Unidos y aceptó un ofrecimiento para incorporarse al Instituto de Estudios Avanzados de Princeton.

El 1939 empezó la Segunda Guerra Mundial. Cuando los Estados Unidos entraron en guerra, Einstein firmó una carta al Presidente Franklin D. Roosevelt, escrita por Leo Szilard y Eugene P. Wigner, en la que se le proponía la fabricación de la bomba atómica. La bomba atómica demostraba dramáticamente la ecucación $E = mc2$, propuesta por Einstein en su teoría de la relatividad especial. Sus efectos fueron devastadores en Hiroshima y Nagasaki.

El 18 de abril de 1955 Einstein moría en Princeton. Einstein obtuvo el Premio Nobel de Física en 1921 por su trabajo utilizando la teoría cuántica de Planck para explicar el efecto fotoeléctrico. En 1917 Einstein había introducido una deducción más simple de la ley de radiación de Planck postulando que un átomo absorbe luz "espontáneamente" siempre, mientras que emite luz bien "espontáneamente" o bien de modo "estimulado" (con el concurso de radiación incidente). La luz "láser" (Light Absortion and Stimulated Emmission of Radiation) puede explicarse sobre la base de los conceptos introducidos por Einstein.

Finalmente, la más original contribución de Einstein a la Física Teórica es su teoría de la relatividad general. Mediante ella Einstein pudo predecir los desplazamientos del perihelio de Mercurio, la deflexión de la luz por cuerpos muy masivos como el Sol, y el corrimiento al rojo de la luz emitida por cuerpos muy masivos. En 1919, una expedición dirigida por Sir Arthur Eddington a Sudáfrica en seguimiento de un eclipse solar pudo detectar la curvatura de la luz procedente de una estrella lejana al para junto al Sol. Los periódicos de todo el mundo se hicieron eco al día siguiente y Einstein se convirtió así en una celebridad mundial de la noche a la mañana.

Citas

"The belief in an external World indepedent of the perceiving subject is the basis of all natural science".

Einstein described himself as "the metaphysicist Einstein", adding that "every four – and two legged animals is de facto… a metaphysicist"

"Siendo como soy un amante de la libertad, al llegar la revolución (nazi) a Alemania dirigí mi mirada a las universidades, esperando verlas salir en su defensa. Pero no, las universidades pronto se sumieron en el silencio. Miré entonces a los editores de periódicos cuyas inflamadas editoriales en días pasados proclamaban el amor por la libertad; pero, como las universidades, fueron reduciéndose al silencio en pocas semanas… Solo la Iglesia permaneció firme, en pie, en el camino de Hitler y su campaña represora de la verdad. Yo no había tenido hasta entonces el menor interés por la Iglesia. Sin embargo, a partir de ese momento siento afecto y admiración, porque la Iglesia, solo ella, ha tenido el valor y la entereza de permanecer en defensa de la verdad intelectual y de la libertad moral…"

…"pienso en el hecho de que el mundo sea comprensible…, como en un milagro, en un misterio eterno. Ciertamente, uno podrá esperar, a priori, que el mundo fuera caótico. Podría… esperar que el mundo se evidenciara como sujeto a leyes solo en que nosotros lo tomamos de una manera ordenada. En cambio. La clase de orden creado, por ejemplo, por la teoría de la gravitación de Newton es de naturaleza diferente… Ahí precisamente está el milagro, que va haciéndose cada vez más evidente a medida que avanza nuestro conocimiento… Y ahí está el punto flaco de positivistas y ateos profesionales, que se sienten felices creyendo que se han librado no solo de lo divino, sino también de lo milagroso…"

Comentarios

Preguntado por un rabino al llegar a Nueva York, Einstein responde que creía en Dios, en el Dios de Spinoza. En otras ocasiones, sin embargo, se muestra poco acorde con el panteísmo spinocista. Como cuando se refiere a Jesús como "el primer judío", o cuando dice que "Dios no juega a los dados".

William Henry Bragg (1862-1942)

Nació en Westward, Cumberland y murió en Londres durante la Segunda Guerra Mundial. Después de un corto período en Cambridge aceptó la posición de Catedrático de Matemáticas y Física en la Universidad de

Adelaida (Australia) donde nació su hijo William Lawrence, quien a su tiempo llegó a ser un físico notable, y compartió el Premio Nobel de Física con su padre[1]. Algunos años después de su regreso a Inglaterra fue nombrado director del laboratorio Da- vy-Faraday.

Pocos años después que W. K. Röntgen descubriera los rayos X, W. H. Bragg se dio cuenta de sus posibles potencialidades y empezó estudios experimentales sobre los mismos. Aunque fue M. von Laue quien descubrió la difracción de los rayos X por los cristales, fue W. H. Bragg quien, poco después, reinterpretó la teoría de von Laue en términos de una teoría más sencilla y práctica, en la que los rayos X se consideraban como ondas y como corpúsculos [2]. Con la famosa ley de Bragg, $n\lambda = 2d \cdot \mathrm{sen}\theta$, que relaciona la longitud de onda de los rayos X incidentes sobre el cristal con el espaciado exacto entre las posibles familias de planos atómicos paralelos y el ángulo de desviación de los rayos X salientes del cristal con respecto a la dirección de incidencia, podemos decir que se abre el camino para descifrar las estructuras cristalinas, y se hace posible la moderna Física del Estado Sólido, una de las ramas más fecundas de la Física del siglo XX.

W. H. Bragg, y su hijo W. L. Bragg, determinaron en pocos años las estructuras y las posiciones atómicas en la celda unidad de los más diversos sólidos -diamante, cobre, cloruro potásico, etc.-. Después del traslado de W. H. Bragg al University College, London, como director de la Royal Institution, desarrolló una serie de técnicas y métodos experimentales que fueron la base de todas las inmensas aplicaciones ulteriores[3].

W. H. Bragg fue presidente de la Royal Society (19351940) y recibió el Premio Nobel de Física en 1915.

---

[1] *The New Columbia Encyclopedia* (Distributed by J. B. Lippincott and Company: New York and London 1975).

[2] *A Biographical Dictionary of Scientists* (Wiley Interscience: London 1969)

[3] W. H. Bragg and W. L. Bragg, *X-Rays and Crystal Structure* (London 1915)

Fue también un gran escritor y conferenciante, respetado, admirado y querido unánimemente. Sus *Christmas Lectures* en la Royal Institution, sobre buen número de temas científicos, fueron famosas.

Citas

"Cuando se apagaban las trágicas llamaradas de la Primera Guerra Mundial decía, "auto-defensa y auto-superación... eso es para lo que está la Ciencia", y añadía: "[Pero] esto es solo la mitad de la batalla, lo sé. Está también la gran fuerza conductora que conocemos con el nombre de religión. De la religión proviene el propósito del Hombre; de la Ciencia su capacidad de conseguirlo. Algunas veces la gente se pregunta si la religión y la ciencia no estarán opuestas la una a la otra. Lo están: en el [mismo] sentido que el dedo gordo de mi mano y el resto de los dedos están opuestos entre sí. Es una oposición por medio de la cual podemos sujetar [firmemente] cualquier cosa"[4].

Comentarios

Es difícil exagerar el papel que la Física del Estado Sólido, o Física de la Materia Condensada, o Física de los Materiales ha jugado en el siglo XX. El transistor y el chip han hecho posibles los viajes espaciales, las computadoras, y otras muchas cosas. Sir W.H. Bragg, hombre de ciencia y hombre de fe, junto a M. von Laue, P.J.W. Debye, F. Bloch, J. Bardeen, entre otros, contribuyó decisivamente a abrir este nuevo campo para la Física.

---

[4] Idem, *The World of Sound*, pp. 195-96 (G. Bell, Sons: London 1920).

Arthur Compton (1892-1962)

Nació en Wooster, Ohio. Murió en Berkeley, California[1]. Estudió en Wooster y después en Princeton. Catedrático de Física en Chicago (1923) y después Rector de la Universidad de Washington (1945).

---

[1] *A Biographical Dictionary of Scientists* (Wiley Interscience: London 1969)

Se interesó pronto por los rayos X y comprobó en 1923, que al bombardear con ellos un bloque de parafina, eran desviados con una longitud de onda mayor -i.e. con menos energía- que los rayos primarios -efecto Compton-. Este efecto, inexplicable con una concepción puramente ondulatoria de la luz fue explicado, por Compton y por Debye, como resultado de colisiones elásticas entre los *cuantos* de radiación y los electrones de los átomos de la parafina, transfiriéndose energía e impulso o momentum de unos a otros. El efecto Compton puso de manifiesto que la *luz* presentaba, en su comportamiento físico, un carácter doble *onda-corpúsculo*. Ello abrió el camino para que L. de Broglie propusiera en 1925, que las *partículas* materiales podían presentar también un carácter doble corpúsculo-onda, asignándoles una longitud de onda asociada $k=h/p$, donde h es la constante de acción de Planck y p el momentum de la partícula. Las bases de la Mecánica Ondulatoria y de la Mecánica Cuántica estaban sentadas, y en pocos años Schroedinger, Heisemberg y Dirac realizaron formulaciones complementarias y equivalentes de la misma.

Compton contribuyó también como uno de los pioneros al estudio de los rayos cósmicos. En 1942 fue designado coordinador del proyecto gubernamental (USA) para la fabricación de la bomba atómica. Recibió el Premio Nobel de Física, con C. T. Wilson, en 1927.

Citas

"La capacidad que uno tiene para mover su mano a voluntad es conocida mucho más directamente, y con más certeza, que lo son las bien comprobadas leyes de Newton, y [...] si estas leyes negaran la capacidad que uno tiene para mover a voluntad su mano, sería preferible concluir que las leyes de Newton necesitan ser modificadas"[2].

---

[2] *The freedom of Man*, p. 26 (Yale Univ. Press: New Haven, Conn., 1935)

La cita que sigue es consecuencia de la puesta en marcha del proyecto para la fabricación de la bomba atómica, del que él era coordinador científico principal. Al ser informado de la posibilidad, en principio, de fabricar una bomba de hidrógeno muchísimo más poderosa que la bomba atómica, que, se pensaba, podría dar lugar a una reacción en cadena imparable a través de los océanos y el aire atmosférico, Compton dijo lo siguiente:

"Esto sería la catástrofe final. Mejor aceptar la esclavitud de los nazis que correr el riesgo de echar la cortina final sobre la humanidad"[3].

Comentarios

Las contribuciones científicas de Compton fueron, ciertamente, importantes, en la coyuntura decisiva de la formación de la Mecánica Cuántica.

A. H. Compton fue un hombre profundamente religioso. Creía en la libertad y en la responsabilidad profunda del hombre, y aceptó coordinar la comisión para la bomba atómica en lucha consigo mismo, y solo en la creencia de que aquella podía traer la guerra a su rápida conclusión.

---

[3] *Atomic Quest : A Personal Narrative*, p. 128 (Oxford Univ. Press: New York 1956).

Louis de Broglie (1892-1987)

Físico francés. Pionero de la Mecánica Ondulatoria[1]

Desde la introducción de la teoría de los *cuantos* de energía por Max Planck, era sabido que la radiación era capaz de comportarse como un flujo de partículas. El efecto fotoeléctrico, en el cual luz visible incidente con una energía por encima de un determinado umbral arrancaba electrones al chocar sobre una superficie metálica, fue explicado por A. Einstein (1905) usando la teoría cuántica. El efecto Compton (1923), en el que se

---

[1] *The New Columbia Encyclopedia* (Distributed by J. B. Lippincott and Company: New York and London 1975).

87

producía dispersión de rayos X por medio de bloques de parafina, fue explicado por el propio A.H. Compton como un proceso de colisión elástica entre fotones y electrones. En 1924 de Broglie propuso la atrevida conjetura de que enlazando relación $E = h\omega$ -Planck- con la relación $E=mc^2$ -Einstein-, las partículas materiales deberían tener también carácter ondulatorio. Pronto se confirmó el hecho experimentalmente -Davisson y Germer- y, como consecuencia, De Broglie recibió el Premio Nobel de Física de 1927 por ello.

L. de Broglie fue catedrático de Física en la Universidad de París desde 1932 y Secretario Permanente de la Academia de Ciencias desde 1942.

Citas

"La naturaleza limitada del conocimiento científico debe inspirar humildad a la vista de la inmensa tarea que siempre le quedará por alcanzar"[2].

"No estamos suficientemente impresionados por el hecho de que sea posible alguna ciencia"[3].

Comentarios

L. de Broglie adopta una posición inequívocamente realista [4] en el debate sobre la interpretación epistemológica de la Mecánica Cuántica, junto con Einstein, Schroedinger y Compton, entre otros. En su opinión, la Mecánica Cuántica era una teoría física admirable, aunque no necesariamente la última palabra, final y definitiva, en física. La interpretación filosófica de la Mecánica Cuántica dada por la escuela de Copenhague,

---

[2] *Physics and Microphysics*, transl. by M. Davidson (Pantheon Books: New York 1955)

[3] *Ibíde*m.

[4] J. Andrade e Silva, G. Lochak, *Los cuantos*, Biblioteca para el hombre actual (Guadarrama: Madrid 1969). Trad. de M. Alario.

en opinión de De Broglie, estaba lejos de resultar plenamente satisfactoria.

De Broglie fue miembro de la Pontificia Academia de Ciencias, como lo fueron Planck y Einstein, y fue católico practicante durante toda su vida.

Químicos

Robert Boyle
Antoine Laurent Lavoisier
John Dalton
Jöns Jacob Berzelius
Barón Justus vott Liebig
Michel Eugene Chevreul
Sir Joseph John Thomson
Peter Joseph Wilhelm Debye

Robert Boyle (1627-1691)

Nacido en Lismore Castle, County Cork, Irlanda.

Muerto en Londres. Según Harry F. Schaefer III, Boyle quizá sea el primer químico de la historia. Tenía una memoria prodigiosa y un gran talento para los idiomas. Su obra *The Sceptical Chymist* (El químico escéptico) es considerada una obra fundamental en la historia de la química

Formuló la ley de los gases ideales (conocida como la ley de Boyle - Mariotte):

$$p \text{ (presión)} \cdot V \text{ (volumen)} = N \cdot R \text{ (constante)} \cdot T \text{ (temp.)}$$

Escribió muchos libros. Entre ellos, *The wisdom of God Manifested in the Works of Creation*. (La Sabiduría de Dios manifestada en las Obras de la Creación). Puso fondos de su bolsillo para que se pudieran dar conferencias en defensa de la fe cristiana y en contra de la indiferencia y el ateismo.

Además de ser un atareado filósofo de la naturaleza, Boyle dedicó mucho tiempo a la teología cristiana, mostrando una inclinación a los aspectos prácticos e indiferencia por las polémicas.

Como director de la Compañía de las Indias Orientales gastó grandes sumas en la misión evangelizadora, contribuyendo a sociedades misioneras y a la traducción de la Biblia o fragmentos de la misma a diferentes idiomas.

"Renunció a ser presidente de la "Royal Society" al rehusar hacer juramentos contrarios a sus rectos principios religiosos y morales".

(K. A. Kneller)

Antoine Laurent Lavoisier (1743-1794)

Nació en París y murió ejecutado allí por los líderes del Terror durante la Revolución Francesa.

Es considerado el fundador de la química moderna.

Estudió Leyes en París, simultaneándolo con el estudio de la Geología (con Guettard), la Química (con Pucelle), la Astronomía, la Mecánica y las Matemáticas.

Miembro de la *Academie Royale des Sciences* en 1768. Casa en 1771 con Marie Anne Perrette, que le ayudó muchísimo en su trabajo científico.

Entre sus intereses cabe registrar la educación, la agricultura y la reforma de prisiones.

Elegido "Fellow of the Royal Society" (London) en 1778. Probó que el diamante se quema y que el producto de ka combustión es aire *fijado* (irrespirable).

Estudió la combustión y contribuyó a descartar la teoría del *flogisto*. Mostró que cuando se quema fósforo y azufre la ganancia en peso es debida a la combinación con el aire atmosférico.

Publicó trabajos sobre combustión, calcinación, fluidos elásticos (gases). En 1783 explicó la composición del agua (H_2O).

En 1787 publicó, entre otros, *Methode de nomenclature chemique*. Con Laplace diseñó un ingenioso calorímetro para estudiar la respiración de pequeños animales y comprobó la producción de anhídrido carbónico.

Definió el estado metabólico basal. En su *Memoria sobre la respiración* a la academia, observó que la cantidad de aire vital (oxigenado) que el hombre consume depende de la temperatura, la digestión y el trabajo realizado, estableciendo la base para el estudio del metabolismo.

Comentarios

M. G. Lemoine, en *Revue des questions scientifiques*, pp. 78 - 79 dice: "Este gran hombre, Lovoisier, debe ser particularmente recordado en nuestra sociedad, porque el ilustre químico fue toda su vida un creyente. Esto es lo que resulta de todos los documentos encontrados en los últimos años".

Ciertamente, Lavoisier, que fue un creyente sincero, como fundador de la química moderna, tiene una importancia excepcional. Murió en la guillotina durante la Revolución Francesa.

John Dalton (1766-1844)

Nacido en Eglesfield, Cumberland, Inglaterra. Muerto en Manchester.

Formuló la teoría atomística para explicar las reacciones químicas, basándose en el concepto de que los átomos de elementos distintos tienen pesos atómicos distintos.

Dalton, que propulsó una teoría (la teoría atómico - molecular) que ha influenciado todo el pensamiento científico durante el siglo y medio que siguió a su muerte, nació de una familia muy humilde. Fue el tercero de seis hijos en la familia de Joseph Dalton, tejedor de algodón y "cuáquero", hombre temeroso de Dios, y aficionado a la meteorología aprendida en la escuela, afición transmitida tempranamente a su hijo. John Dalton empezó su carrera de profesor a los 12 años en su escuela local y llegó a Principal (Director) a los 19.

Mas tarde entró en contacto con John Gough, matemático ciego y botánico competente.

En 1793 fue invitado a ser tutor de "filosofía natural" (Ciencias) en la Academia de Manchester, pero la tutoría le ocupaba todo el tiempo sin dejar espacio para sus investigaciones. Pronto pudo empezar a ganarse la vida como tutor privado y pudo dedicarse a investigar.

Miembro de la *Manchester Literary and Philosophical Society*: Secretario en 1800; Vicepresidente en 1808; Presidente en 1819. Durante sus 50 años en la Sociedad presentó mas de 100 trabajos de investigación. Publica en 1773 sus "*Meteorological Observations and Essays*".

Pero sus dos contribuciones más importantes sin duda son:

A) Ley de presiones parciales de los gases: la presión de una mezcla de gases es igual a la suma de las presiones de cada gas ocupando el mismo volumen.

B) Teoría atómica: estableció la ley de las proporciones múltiples, que generalizaba la ley de las proporciones definidas de Proust sobre compuestos químicos.

Publica en 1808 *New System of Chemical Philosophy* (Estudió también el defecto de visión conocido como "daltonismo" que él padecía).

Recibió la primera medalla de la Royal Society en 1826.

Doctor "Honoris Causa" por las Universidades de Oxford, Edimburgo, etc... A su muerte, más de 40.000 personas pasaron a rendir tributo en Manchester ante su féretro.

Comentarios

"En Dalton el carácter igualaba a la superioridad de sus luces. Fue modelo de virtud sin ostentación y de religión sin fanatismo"[1].

Su creencia en Dios y su disgusto con los sistemas ateos encuentra expresión en su gran tratado sobre química, *New System of Chemical Philosophy*.

---

[1] *New Biographie Generale* XII, París, 1866, p. 830:

Jöns Jacob Berzelius (1779-1848)

Nacido en Väversunda, Suecia. Muerto en Estocolmo. Uno de los mas grandes químicos del siglo XIX. Sus padres murieron pronto. En 1796 empezó los estudios de medicina en Upsala, donde se graduó seis años después.

Después de dos años como médico de los pobres, fue nombrado en 1867 Profesor de Medicina (más tarde Química) y Farmacia en dicha escuela. En 1808 fue hecho miembro de la Academia Sueca de Ciencias, de la que en 1818 fue secretario.

Berzelius se interesó pronto por la electroquímica y a ella se dedicó principalmente. En colaboración con W. Hisinger, electrolizó soluciones de sales, anticipándose a H. Davy en algunos aspectos.

Los fenómenos electrolíticos le indujeron a considerar todo compuesto como divisible en parte negativa y parte positiva, algo esencial para el desarrollo incipiente de la química.

Su *Teoría electroquímica* fue expuesta en un trabajo sobre reforma de la nomenclatura basada en los nombres latinos de los elementos (1811); en la elaboración de tratados sobre mineralogía (1814); y, muy especialmente, en su *Ensayo sobre las Proporciones Químicas* (1819).

En este libro enlaza la electroquímica con la teoría atómica, convirtiéndose así en pionero del atomismo en la ciencia química. En 1818 había determinado los pesos atómicos, exceptuando cuarenta y nueve, de todos los elementos químicos conocidos. Pero su mayor servicio a la química reside en su sistema de notación, según el cual, la composición se denota por letras y números, como se sigue haciendo hoy en día. Las moléculas se escribían en términos de sus átomos constitutivos.

Descubrió tres nuevos elementos: Cerio (1803), Selenio (1817) y Thorio (1829). Sus ayudantes añadieron el Litio, el Vanadio y varios lantánidos.

Su base de estudios médicos le fue de gran utilidad para descubrir que los compuestos orgánicos se combinaban por las mismas leyes que los inorgánicos.. Estudió muchos productos naturales (bilis, sangre, heces y muchos otros).

Se deben a él los conceptos de "proteína", "isomerismo" y "catálisis". Algunas de las aplicaciones de sus principios dualistas (que fueron bien al principio), en el estudio de sustancias orgánicas, se comprobó más tarde que eran insostenibles.

A pesar de que cometió algunos errores (rehusó por largo tiempo atribuir el carácter de elemento al "Cloro"),

Berzelius dominó por muchos años la química europea por sus conocimientos enciclopédicos.

Publicó un monumental *Texto*, en seis idiomas, (pero excluyendo el inglés), y monografías, y sus magistrales informes anuales sobre el progreso de la ciencia química. Berzelius fue el gran unificador de la química para el futuro. Miembro de honor de noventa y cuatro sociedades doctas y academias científicas.

El 50 y el 100 aniversario de su muerte fueron celebrados por academias en Suecia con destacados tributos a su memoria.

Citas

Su firme creencia en Dios queda bien de manifiesto en la siguiente larga cita traducida de su *Traité de la chemie*, J.J. Berzelius (Trad. Por M. Essinger V, Bruxelles 1833):

"Una fuerza incomprensible ajena a las de la materia muerta, ha introducido el principio (de la vida) en el mundo inorgánico. Esto se ha realizado, no por azar, sino por la sorprendente variedad de la sabiduría suprema de un plan diseñado para producir resultados definitivos, y para mantener una sucesión ininterrumpida de individuos transitorios, nacidos unos de otros, y que a su muerte legan sus constituyentes descompuestos para la formación de nuevos organismos.

Cada proceso de la naturaleza orgánica proclama este sabio propósito, y lleva el sello de una mente que lo guía; y el hombre, comparando los cálculos que hace para lograr ciertos fines con los que encuentra en la naturaleza orgánica, es conducido a considerar sus facultades pensantes y calculadoras como reflejo del Ser a quien debe su existencia.

Y a pesar de ello ha sucedido, mas de una vez, que una filosofía desaforadamente orgullosa de su propia profundidad, ha llegado a sostener que todo esto es producto del azar, y que tales organismos sostienen su fundamento solo como algo adquirido accidentalmente por el poder de auto preservación y reproducción. Pero los defensores de tales sistemas no se dan cuenta de que el elemento en la naturaleza que ellos llaman *azar* es algo físicamente imposible.

Todo lo que existe procede de una causa, de una fuerza operativa... Algo que de ninguna manera se corresponde con la idea de "azar". Será siempre más honorable para un hombre admirar esa sabiduría con la que él no puede rivalizar, que pavonearse él mismo con arrogancia filosófica, e intentar, con su razonamiento mezquino, penetrar misterios que probablemente permanecerán para siempre más allá del alcance de la razón humana".

(J.J. Berzelius)

Barón Justus vott Liebig (1803 -1873)

Nacido en Dornstadt, Hessen. Muerto en Munich, Baviera.

Figura sobresaliente de la enseñanza de la Química y uno de los químicos más destacados de su tiempo. Hijo de un comerciante en productos químicos, decidió a edad temprana estudiar Química y se graduó como Doctor en Química en Erlangen a los 19 años.

Por influencia de Humboldt pasa dos años en París con Gay Lussac y fue profesor en Giessen en 1925. En esta pequeña Universidad montó una escuela de química basada en el trabajo de laboratorio. Se trasladó a Munich en 1852. Su trabajo inicial fue en química orgánica clásica. Pero a partir de 1840 se dedica a estudiar los más difíciles problemas de la química agrícola.

Desarrolló lo que es hoy el tubo de combustión y lo utilizó como método analítico fiable para determinar los contenidos de carbono e hidrógeno de compuestos orgánicos. El y sus estudiantes investigaron cientos de nuevos compuestos orgánicos. Propuso el concepto de "radical" compuesto. Von Liebig y F. Wöller sostuvieron vigorosas disputas científicas con otros químicos notables de su época, como A. Dumas y J.J. Berzelius.

Se le puede considerar como uno de los pioneros de lo que hoy llamamos bioquímica. Propuso una teoría de la fermentación. Mantuvo controversias con Pasteur acerca de la "putrefacción". Propuso la utilización de abonos artificiales y puso las bases de una nueva industria. Favoreció el uso de sales minerales y minusvaloró el de los nitratos.

Escribió numerosos libros y artículos y viajó y dio conferencias por toda Europa. Fundó los *Annalen der Pharmacie* (1832) que ahora se publican con el nombre de *Liebig 's Annalen der Chemien.*

Fue elegido Fellow de la "Royal Society" (London) en 1840.

Citas

En sus numerosos escritos Justus von Liebig deja clara abundantemente su fe en un Dios Creador y su rechazo del materialismo.

En 1856 Liebig pronunció una conferencia pública *Sobre la Naturaleza Inorgánica de la Vida Orgánica.* No son, dijo, los verdaderos sabios y descubridores los que sostienen el materialismo como conclusión necesaria de sus investigaciones:

"Tales afirmaciones vienen de diletantes, que, recién llegados de un paseo por las afueras de la ciencia, se auto imponen el deber de informar a los ignorantes y crédulos de cómo vino el mundo y la vida a la existencia, y de cómo ha desvelado el hombre los más altos misterios; y esos crédulos e ignorantes les creen, y no lo hacen a científicos verdaderos"[1].

(Barón Justus von Liebig)

---

[1] K. A. Kneller, *Christianity and leaders of modern Science* (Real View Books: Michigan 1995), p. 196

Michel Eugene Chevreul (1786-1889)

Nació en Angers (Francia) y murió en París. Químico notable y versátil. Hizo importantes contribuciones al estudio químico de las grasas.

Estudió química con A.F. Foucroy y, después de desempeñar varios puestos docentes, fue asistente científico en el "Museo de Historia Natural" (1810), fue promovido al grado de profesor (1830) y finalmente nombrado Director perpetuo (1861).

Fue nombrado Académico de Ciencias en 1826.

Su reputación se basa en trabajos sobre grasas, recogidos en el libro *Recherches sur les corps grás* (1823). Aisló y analizó muchas de ellas, y demostró que son "esteres" de glycerol y un ácido líquido (oleico). Se reconocieron por primera vez los jabones como sales de metales alcalinos y ácidos grasos. Este trabajo tuvo un impacto muy importante en racionalizar la fabricación de jabón. Realizó otros trabajos sobre la química de aceites absorbentes de oxígeno, colesteroles y tintes naturales.

Escribió libros excelentes sobre historia de la química.

Citas

"En unos tiempos en los que oímos que se dice en voz muy alta que la ciencia moderna conduce al materialismo, me he preguntado si un hombre que ha vivido en medio de libros y en su laboratorio químico, y ha dedicado sus días a la búsqueda de la verdad, no tiene el deber de alzar su protesta contra tales afirmaciones, diametralmente opuestas a la verdadera ciencia".

[A continuación da las razones, que él reduce a dos convicciones fundamentales: la existencia de materia, fuera de si mismo, y la existencia de un Ser Divino, Creador de una doble armonía que gobierna el mundo inanimado y el mundo orgánico.]

Y dice:

"Por tanto, nunca he sido un materialista durante ningún periodo de mi vida, mi mente nunca ha sido capaz de ver esta doble armonía como producto del azar.

Recapitulo lo que he venido diciendo:

La continuidad de las especies en tiempo y espacio; la uniformidad de los organismos, en estructura y en funciones entre los individuos de la misma especie; la permanencia de las maravillosas facultades instintivas de los animales, facultades que siempre los dirigen y nunca los engañan - esto no puede ser producto del azar, y mucho menos puede ser el hombre producto del azar.

Pero cuando contemplamos la previsión que ha presidido la constitución del mundo y se ha hecho manifiesta en la mecánica de los cielos, en la acción de las moléculas, en la mutua dependencia de los dos reinos orgánicos (vegetal y animal), en el funcionamiento del instinto animal, ¿No nos sentimos llevados a preguntarnos si, en ciertas épocas de la sociedad humana, el maravilloso espectáculo del mundo no viviente y del mundo viviente fuera del hombre no debería servirnos, mas que como incentivo para el orgullo, como brillante referencia con relación a lo que no voy a describir en detalle aquí, a saber que las sociedades de los únicos seres con facultades plenas sobre la tierra, dotados con libertad, razón y sentido moral, vivan en un estado de guerra permanente unos contra otros, y que ello siga así desde los más bajos niveles del salvajismo a los más altos niveles de la civilización, de tal manera que el mayor enemigo del hombre sea el hombre?

¡Cuan cargada con amarga ironía es la enseñanza de la Escuela Positivista que se atreve a emplear el nombre de la Humanidad en el sentido en el que viejos sistemas usaban el de la Divinidad!".

Sir Joseph John Thomson (1856 -1940)

Nacido en Cheetham Hill, Manchester. Muerto en Cambridge.

Descubridor del electrón.

Hijo de un librero especializado en libros antiguos.. Quiso ser ingeniero, pero al morir su padre, cuando tenía 16 años, permaneció en su ciudad, estudiando matemáticas, física y química, hasta ganar una beca que le permitió ir al Trinity College, Cambridge, en 1876.

Recibió la distinción de "Second Wrangler" en matemáticas, 1880. Su primer trabajo consistió en aplicar la nueva teoría de Maxwell al movimiento de una esfera cargada. En él mostró que la esfera tenía una masa adicional debido a la interacción electrostática. Con ello daba un primer paso para establecer la equivalencia de masa y energía, mas tarde, formalizada por Einstein.

Estudió el fenómeno de la condensación de agua como consecuencia de la carga eléctrica. Dicho efecto sería después clave para la invención de la Cámara de Vapor, que su discípulo C. T. R. Wilson utilizó después para hacer visibles las trayectorias de partículas cargadas moviéndose a gran velocidad.

Sucedió al eminente físico Lord Rayleigh como director del Laboratorio Cavendish de la U. de Cambridge. Allí empezó sus decisivos experimentos sobre descargas en gases.

El descubrimiento de los Rayos X suscitó investigaciones intensivas en Alemania, Francia e Inglaterra. Thomson pensaba acertadamente, que los rayos catódicos eran partículas cargadas, y explicó por qué los experimentos de Hertz, hechos sin un vacío adecuado, parecían contradecirlo.

Estudió la relación de carga/masa (e/m) de los Rayos Catódicos y comprobó que eran casi 2.000 veces más ligeros que los iones de hidrógeno. A la nueva partícula empezó llamándola "corpúsculo", pero finalmente se impuso el nombre de electrón.

Después se dedicó a estudiar los iones positivos y creó así la espectroscopia de masas. Descubrió la existencia de "isótopos". Fue un gran matemático, pero sus grandes éxitos científicos están ligados a su capacidad para diseñar experimentos físico - químicos que iban directamente a esclarecer el problema bajo examen.

Su importancia para la ciencia no está sólo en los grandes descubrimientos sino en su gran capacidad como director e impulsor de un grupo de investigadores que, en la siguiente generación, hizo famoso el nombre del "Cavendish Laboratory". Parece que en sus años finales tenía mal genio y sus colegas más jóvenes le llamaban "el cocodrilo". La silueta de un "cocodrilo" puede verse hoy en un edificio de su antiguo laboratorio en Cambridge.

Recibió el Premio Nobel en 1906.

En el Cavendish Laboratory del que J.J. Thomson fue director, se realizaron trabajos de investigación que merecieron quince Premios Nobel a lo largo de los años. Sobre su puerta se puede leer la siguiente frase en latín: "El temor de Javé es el principio de la sabiduría"

Citas

La prestigiosa revista *Nature* recogió las siguientes palabras de J.J. Thomson:

"A lo lejos se distinguen las cimas (científicas) aún más altas, que concederán a los que las conquisten todavía más posibilidades y profundizará en ellos una sensación cuya verdad es subrayada por cada avance de la ciencia, que las obras del Señor son grandes"

Peter Joseph Wilhelm Debye (1884-1966)

Nacido en Maastrich (Holanda). Muerto en Ithaca, New York, USA.

Se doctoró en Ciencias en la Universidad de Munich, en 1908. Su carrera académica fue fulgurante: Profesor sucesivamente en las Universidades de Zürich, Utrecht, Góthingen, Leipzig, Berlín, y, tras trasladarse a los Estados Unidos, catedrático en la prestigiosa Universidad de Cornell, Ithaca...

Su fecunda labor investigadora incluye contribuciones teóricas y experimentales importantes a esclarecer el calor específico de los sólidos, los dieléctricos polares, la difracción de los Rayos x por sólidos cristalinos, la conductividad eléctrica de soluciones salinas, la física de plasmas y las estructuras moleculares.

Recibió el Premio Nobel de Química en 1936, y distinciones de numerosísimas sociedades científicas nacionales e internacionales.

Debye fue pionero en la aplicación de la física cuántica al estudio de los sólidos. Además está entre la media docena de co-creadores y usuarios de la nueva Mecánica Cuántica. En el siguiente párrafo, Debye describe las circunstancias que rodearon el desarrollo de la ecuación de Schroedinger:

"Entonces de Broglie publicó su trabajo. En aquel tiempo, Schroedinger era mi sucesor en la Universidad de Zürich, y yo estaba en la Universidad Técnica, que es una institución federal, y tuvimos un coloquio conjunto. Estuvimos hablando de la teoría de de Broglie y estuvimos de acuerdo en que no la entendíamos, y en que debíamos pensar acerca de su formulación y de lo que significaba. De modo que llamé a Schroedinger para que nos diera un coloquio. Y la preparación del mismo consiguió realmente ponerle en marcha. Trascurrieron realmente solo unos meses entre esta charla y sus publicaciones".

Comentarios

Debye nació y creció en una familia católica. Recibió la primera comunión y nunca negó su fe. En la posguerra de la Segunda Guerra Mundial, aceptó ser miembro de honor de la Real Academia de las Ciencias Exactas, Físicas y Naturales de Madrid y visitó la capital de España, cuando ésta era considerada un bastión anticomunista y gozaba de poca simpatía en medios científicos internacionales, dominados por la izquierda.

Matemáticos

Blaise Pascal
Leonhard Euler
Carl Friedrich Gauss
Augustin Louis Cauchy
Bernhard Riemann
Charles Babbage
Charles Hermite

Blaise Pascal (1623-1662)

Nacido en Clermont Ferrand y muerto en París, relativamente joven. Estudió bajo la dirección de su padre, Etienne Pascal, funcionario del Estado. Su madre murió cuando tenía sólo cuatro años. El joven Pascal manifestó una precocidad extraordinaria tanto en matemáticas como en física[1].

Antes de los 16 años escribió un extenso trabajo sobre secciones cónicas que le ganó el respeto de los matemáticos parisinos de su época. A los diecinueve

---

[1] *The New Columbia Encyclopedia* (Distributed by J. B. Lippincott and Company: New York and London 1975).

años inventó la primera máquina calculadora, alguno de los principios de la cual fueron usados hasta hace poco en calculadoras mecánicas. Los fundamentos de la teoría de probabilidades y el análisis combinatorio fueron introducidos por Pascal, a raíz de su correspondencia con P. Fermat, en torno a un problema matemático que se les había propuesto. Pascal, al estudiar la disposición en filas de los coeficientes en la expansión de las potencias (n) sucesivas de un binomio, estableció la conexión entre dichos coeficientes y el número de combinaciones posibles de (n) elementos tomados de m en $m \leq n$, $C_{m,n} = n!/(n-m)!m!$ [2]. También descubrió importantes propiedades de la "cicloide", curva previamente estudiada por Galileo, Roberval, Descartes y Fermat, los cuales no habían sido capaces de calcular el área bajo la curva, cosa que Pascal hizo contribuyendo así a preparar el terreno para el cálculo diferencial.

En física, sus experimentos establecieron las bases de la hidrostática, descartando las teorías previas, basadas en el "horror al vacío". Enunció la ley de Pascal, según la cual, la presión ejercida sobre un líquido se transmite por igual en todas direcciones perpendicularmente a la superficie interior del mismo.

Una hermana suya, Jacqueline, fue monja en el famoso convento de Port Royal, ganado para el Jansenismo, que se caracterizaba por requerir de los fieles una mayor santidad personal, pero que, en algunos aspectos, se acercaba a las te-sis calvinista sobre la predestinación. Pascal se puso departe de los jansenistas en sus polémicas con los jesuitas.

Los pensamientos religiosos de Pascal, recogidos en sus *Pensées* (una apología del Cristianismo) se hicieron muy famosos, y han sobrevivido, reeditados y traducidos en numerosas ocasiones, hasta nosotros. En ellos Pascal comenta la inadecuación de la razón del hombre para resolver sus problemas y satisfacer sus esperanzas más

---

[2] *A Biographical Dictionary of Scientists* (Wiley-Interscience: London 1969).

profundas. Defiende la necesidad de la fe para comprender el universo y su significado para el hombre. La unidad internacional de presión lleva su nombre: 1 Pascal = 1 Newton/m².

Citas:

"[...]no hay más que dos clases de personas que pueden llamarse sensatas: los que sirven a Dios de todo corazón, porque le reconocen, y los que le buscan de todo corazón, porque no le conocen "

(*Pensées*, 194)[3]

"Es peligroso hacer ver al hombre demasiado claramente su igualdad con los brutos sin mostrarle su grandeza. Es peligroso (también) hacerle ver su grandeza demasiado claramente, dejando de lado su vil condición. Es más peligroso todavía dejarle en la ignorancia de ambas. Es muy ventajoso, sin embargo, mostrarle ambas. El hombre no debe pensar que está al nivel de los brutos, o al de los ángeles, ni debe ignorar las dos caras de su naturaleza, sino que debe conocerlas ambas"

(*Pensées*, 418)[4]

"Hay que saber dudar donde es necesario, aseverar donde es necesario, someterse donde es necesario...".

(*Pensées*, 268)[5]

"Sumisión es (hacer buen) uso de la razón, en lo que concierne al verdadero cristianismo"

(*Pensées*, 269)[6]

"Si se somete todo a la razón, nuestra religión no tendrá nada de misterioso y sobrenatural. Si se tropieza

---

[3] Pascal, *Pensamientos*, 8ª ed., p. 47 (Espasa Calpe: Madrid 1976).

[4] *Ibíd.*, p. 72.

[5] *Ibíd.*, p. 58.

[6] *Ibíd.*, p. 58.

contra los (primeros) principios de la razón, nuestra religión será absurda y ridicula"

(Pensées, 273)[7]

"La fe es un don de Dios.".

(Pensées, 279)[8]

Comentarios:

Pascal fue un genio matemático y un creyente sincero y profundo. Sus *Pensées*, un clásico del pensamiento religioso y filosófico cristiano, han tenido gran influencia desde su tiempo hasta nuestros días. Se trata de formulaciones concisas y directas que tienen un aire de modernidad para el lector actual.

A mediados del siglo XVII, el siglo del genio, en el que encontramos un Galileo, un Descartes y un Newton, junto a un Fermat, y un Pascal mismo, matemáticos insignes, entre

otros, surgen en Europa "librepensadores" que empiezan a defender ideas materialistas y ateas, precursoras de lo que sería la Ilustración, y la Revolución Francesa, ya en el siglo XVIII.

Pascal ve "reduccionismos" inaceptables en elevar al hombre a pura razón autosuficiente, o en reducirlo a puro instinto animal. El "reduccionismo" en boga en nuestro tiempo, y a finales del siglo XX, reduce al hombre a una "máquina calculadora" programada al servicio de una "máquina busca- placer"[9].

A esta concepción del hombre y de la vida, Blaise Pascal opone, con una elocuencia penetrante, la concepción del creyente, hombre de ciencia y de fe, que se basa en la certeza de un Dios creador, un Hombre-Dios, Jesucristo Redentor, y una Iglesia, cuerpo místico de Cristo, depositaría de su mensaje salvador.

---

[7] *Ibíd.*, p. 58.

[8] *Ibíd.*, p. 58.

[9] S. L. Jaki, *Angels, Apes and Men* (Sherwood Sudgen and Company: La Salle, Illinois 1983).

Leonhard Euler (1707-1783)

Nacido en Basilea (Suiza) y muerto en San Petersburgo (Rusia).

Educado primero por su padre, pastor protestante y matemático "amateur", asistió más tarde a la Universidad de Basilea, donde coincidió con los Bernoulli. Además de matemáticas estudió teología, lenguas orientales y fisiología. Catalina I le invitó a trasladarse a San

Petersburgo, donde sucedió en 1733 a D. Bernoulli como Profesor de Matemáticas. Fue invitado a Berlín en 1741 por Federico el Grande, y regresó a San Petersburgo en 1766. Perdió completamente la vista ya a cierta edad pero continuó escribiendo copiosamente sobre cuestiones matemáticas, dictando a un ayudante a tal efecto. Es considerado como el matemático más prolífico de todos los tiempos[10].

Su primera contribución consistió en usar los métodos analíticos en la mecánica y en el uso cuasi-axiomático del principio de los trabajos virtuales. Usó principios de mínimos para expresar leyes naturales. Podemos notar que el principio de Fermat en Óptica, y el de Maupertuis en Mecánica son ejemplos clásicos de uso de principios de mínimos.

Los principios de máximos, también válidos en condiciones apropiadas, tardaron más de cien años en ser utilizados. En relación con el problema de minimizar integrales, dedujo la ecuación diferencial que lleva su nombre. Un ingrediente importante par la obtención de resultados satisfactorios fue el uso de su conocida regla de los "multiplicadores indeterminados" utilizada también por Lagrange.

Publicó tres trabajos monumentales en análisis matemático, reduciendo a un mínimo la dependencia de métodos geométricos. Cabe citar entre sus contribuciones más importantes el teorema de Euler sobre funciones homogéneas y su teoría de la convergencia.

Trató también en su extensa obra sobre temas de aritmética y de teoría de números. Fue un gran exponente del análisis de Ecuaciones Diofánticas -una de ellas dio lugar al famoso teorema de Fermat, resuelto a finales del siglo XX por Andrew Wiles-. En álgebra también hizo contribuciones importantes, y enunció el teorema de que la diferencia de recíprocos de los primeros n números naturales y $log\ n$ tiende a un

---

[10] *A Biographical Dictionary of Scientists* (Wiley-Interscience: London 1969).

número finito, la constante de Euler, cuando *n* tiende al infinito. También hizo contribuciones importantes en hidrodinámica, explicando correctamente el papel de la presión en el flujo de un fluido. Dedujo rigurosamente por primera vez el teorema de Bernoulli e hizo valiosas contribuciones en geometría y astronomía.

Citas

Según M. Cantor: "Como muchos otros matemáticos, Euler fue profundamente religioso sin traza alguna de fanatismo. Tenía el hábito de llevar él mismo las devociones de su familia, y uno de sus pocos trabajos polémicos, *Defensa de la Revelación contra las Objeciones de los Librepensadores*, publicado en Berlín en 1747, en la vecindad inmediata de la corte de Federico el Grande, indica un valor moral que le eleva por encima de las invectivas de los que se rieron de él", en palabras de M. Cantor[11].

Según S.L. Jaki, Euler "proclamó enfáticamente las raíces teológicas de los principios de máximo y mínimo"[12].

Comentarios

Euler fue un matemático y un hombre de profunda religiosidad. Un matemático escéptico podría simplemente sacar de principios tan generales y tan bellos como los del mínimo camino en Óptica o la mínima acción en Mecánica, la conclusión de que en la naturaleza los procesos se realizan de la forma más económica posible. Para Euler la conclusión era otra: que

---

[11] K. A. Kneller, *Chistianity and the Leaders of Modern Science* (Real View Books: Fraser, Michigan 1995).

[12] S. L. Jaki, *The Relevance of Physics*, p. 437 (University of Chicago Press: Chicago 1966).

las leyes naturales están bien hechas porque proceden de la sabiduría de un Dios Creador[13].

---

[13] L. Euler, *Methodus in veniendi lineas curvae maximi minimeve proprietate gaudentes*, Additamentum I, ed. by C. Caratheodory (Orel, Füss, Turici: Bern 1952)

Carl Friedrich Gauss (1777-1855)

Nació en Brunswick y murió en Götingen (Alemania). Está considerado como el más grande matemático de todos los tiempos.

Fue hijo de un humilde artesano y mostró una inteligencia precoz. Es famosa la anécdota de que en la escuela, a los nueve años, su maestro puso un ejercicio que consistía en sumar una larga serie de números que diferían sucesivamente en la misma cantidad constante. En lugar de realizar la suma directamente, Gauss se dio cuenta de inmediato que podía transformar la laboriosa suma en una multiplicación sencilla, debido a que las sumas del primero con el último, el segundo con el penúltimo, etc., eran todas iguales. Escribió la respuesta correcta en su hoja y esperó pacientemente a que sus compañeros terminaran, habiendo cometido la mayoría errores explicables[1].

El día de Ano Nuevo de 1801, el gran astrónomo italiano G. Piazzi (Palermo) anunció en su observatorio la observación del primero de los que hoy se conocen como asteroides, un gran número de pequeños planetas orbitando entre Marte y Júpiter. Sin dar tiempo a que los observadores, por los métodos entonces usuales, pudieran determinar su trayectoria, el asteroide desapareció del campo de visión. En esta coyuntura, el joven Gauss, que tenía veinticuatro años a la sazón, vino en ayuda de los astrónomos con un nuevo método, que permitía reconstruir la órbita completa con los escasos datos disponibles en ese momento. En 1802, también el día de Año Nuevo, otro gran astrónomo, el alemán Olbers, observó de nuevo el mismo asteroide (Ceres) precisamente en el punto del espacio predicho por Gauss.

Gauss fue el introductor del concepto de "congruencia" que permitió simplificar las pruebas y generalizar muchos de los teoremas de la aritmética.

Aunque no llevó sus investigaciones en geometría no-euclidianas tan lejos como J. Bolyai (gran amigo de Gauss) y N.I. Lobachevski, su correspondencia muestra que ya había anticipado conceptos básicos de estas geometrías cuando era muy joven. Anticipó también un teorema fundamental, descubierto más tarde por Cauchy: la integral de línea de una función de variable compleja alrededor de una línea de contorno es cero si la función es regular en todos los puntos dentro de la curva.

---

[1] K. A. Kneller, *Chistianity and the Leaders of Modern Science* (Real View Books: Fraser, Michigan 1995), p. 43.

Creó también la geometría diferencial, el concepto de curvatura, las coordenadas curvilíneas y las representaciones paramétricas. Parte de su trabajo fue esencial para que Einstein formulara la Teoría General de la Relatividad, más de medio siglo después. Gauss hizo contribuciones importantes al electromagnetismo en general y al geomagnetismo en particular[2].

Citas

"(Próximo a su muerte) Gauss habló de problemas a cuyas soluciones él daba 'una importancia infinitamente más grande que a los de las matemáticas'. Entre ellos enumeraba las cuestiones 'tocantes a la ética', a 'nuestras relaciones con Dios, o las concernientes a nuestro destino y a nuestro futuro'"[3].

Hay en este mundo un gozo del intelecto, que encuentra su satisfacción en la ciencia, y un gozo del corazón, que se manifiesta sobre todo en la ayuda que se dan unos a otros los hombres contra las penalidades y pruebas de esta vida. Pero suponer que el Ser Supremo hubiera creado la existencia, y la hubiera puesto en distintas esferas para gustar de estos gozos por ochenta - o quizá- noventa años, sería un plan ciertamente miserable... Si el alma llegara a vivir ochenta años u ochenta millones, pero estuviera condenada a perecer al fin, sería solamente una tregua temporal. Así nos vemos impelidos a la conclusión a la que tantas cosas apuntan, aunque no lleguen a constituir una prueba científica, es decir, a que además de este mundo material, existe otro de orden puramente espiritual, con actividades tan diversas como las presentes, y que nosotros heredaremos algún día"[4].

---

[2] *A Biographical Dictionary of Scientists* (Wiley-Interscience: London 1969).

[3] S. L. Jaki, *The Relevance of Physics*, (University of Chicago Press: Chicago 1966), p. 382.

[4] K. A. Kneller, *Chistianity and the Leaders of Modern Science* (Real View Books: Fraser, Michigan 1995), p. 48.

Sostienes ahora en tu mano, le decía a su amigo Bolyai, el primer eslabón de una cadena que se extiende hasta la eternidad de una vida para siempre. Un cambio serio e importante -en tu vida- pero glorioso. ¡Que un día te llegue a bendecir tu hijo -recién nacido- como el primer autor de su felicidad perdurable!"

(Carta a J. Bolyai, 20 de junio de 1803)[5]

Comentarios

Las citas anteriores muestran suficientemente que Gauss fue un hombre profundamente religioso, cuyas concepciones acerca del hombre y del mundo estaban polos aparte de las de sus contemporáneos materialistas o ateos.

Es interesante notar que la distinción de Kant entre juicios *analíticos y sintéticos*, que según el filósofo de Koningsberg invalida cosmos y alma como puntos de partida válidos para mostrar la existencia de Dios, es "una de esas cosas que o bien se reducen a (pura) trivialidad o que son falsas"[6] según Gauss. Comentando sobre la incompetencia matemática de Schelling y Hegel, discípulos de Kant, que, por cierto, tampoco destacó por su competencia en materia propiamente científica, Gauss se pregunta: "¿No le hacen estos epígonos de idealismo alemán poner a uno los pelos de punta con sus definiciones?"[7].

La fe firme que Gauss tenía en un Dios justo, eterno, omnisciente y omnipotente, y su admirable obra científica, estaban en una perfecta armonía[8].

---

[5] *Ibíd.*, p. 45.

[6] S. L. Jaki, *The Relevance of Physics*, p. 335 (University of Chicago Press: Chicago 1966).(Carta de K. F. Gauss de 1 de nov. 1844, Werke, XII, p.63).

[7] *Ibíd.*, p. 334.(Carta de K. F. Gauss de *Ibíd.*, p.62-63).

[8] K. A. Kneller, *Ibíd.*, p. 48.

Augustin Louis Cauchy (1789-1857)

Nació en París, el mismo año de la Revolución, y murió en Sceaux a los 67 años.

Recibió de su padre la primera instrucción en Arcueil, donde su familia se había retirado en los años del Terror revolucionario. Por consejo de J. L. Lagrange, se le proporcionó una buena formación literaria antes de ser introducido a las matemáticas. Recibió también de su familia una buena formación cristiana[1].

Entró en la Ecóle Polytechnique y se hizo ingeniero militar, Tenía una tremenda capacidad de trabajo. A pesar de tener por entonces otros numerosos compromisos, publica en 1811 un trabajo de primera calidad sobre poliedros que le da a conocer entre sus conciudadanos. A. M. Legendre, le propone un problema relacionado con el tema, que Cauchy resuelve y publica en 1812. Imparte docencia en la Ecóle Polvthecnique en 1815, y es nombrado catedrático de Mecánica en 1816.

La escena política francesa durante estos años está marcada por la turbulencia revolucionaría y por la reacción consiguiente. En 1830 marcha al exilio, y acepta una cátedra en Turín, de donde se traslada a Praga. Retorna a París en 1838.

Fue catedrático de Astronomía en la Universidad de 1848 a 1852. Fellow de la Royal Society en 1832.

Cauchy fue un escritor prolífico. Sus obras completas contienen más de 700 trabajos y 11.531 folios en cuarto. Se puede decir que creó, junto con Gauss, el análisis matemático en el campo complejo. En el cálculo, introdujo pleno rigor, y prefería considerar la integración como límite de una suma a considerarla como la operación inversa de la derivación.

Hizo contribuciones importantes a las teorías de la convergencia de series, a la de los determinantes, a la de los grupos, y a la de las ecuaciones algebraicas, a la que aportó una elegante prueba del teorema fundamental del álgebra.

Citas

[1] *A Biographical Dictionary of Scientists* (Wiley-Interscience: London 1969).

"Sería un error pensar que uno puede encontrar certe-zasob en las demostraciones geométricas o en el testimonio de los sentidos" [y continúa diciendo que los hechos históricos son aceptados sin discusión, aunque no hayan sido probados porel cálculo]. "Lo que he dicho aquí de los hechos históricos puede aplicarse igual de bien a un gran número de cuestiones en religión, en ética, en política. Por tanto podemos estar convencidos de que hay verdades distintas de las de la geometría y hay realidades distintas de la de los objetos sensibles. Cultivemos pues nuestro fervor por las ciencias matemáticas sin tratar de aplicarlas más allá de su alcance. Y no vamos a imaginar que uno puede atacar los problemas de la historia fórmulas matemáticas, o que puede abordar la confirmación de los principios de la moral mediante los teoremas del álgebra o del cálculo"[2].

"Yo soy cristiano, es decir, creo en la divinidad de Jesucristo como lo hicieron Tycho Brahe, Copérnico, Descartes, Newton, Fermat, Leibniz, Pascal, Grimaldi, Euler, Guldin, Boscovich, Gerdil; como lo hicieron todos los grandes astrónomos, físicos y geómetras de edades pasadas; y más, soy católico, como la mayor parte de ellos; y si fuera preguntado por las razones de mi fe las daría gustoso. Probaría que mis convicciones tienen su origen en la razón y en una resuelta búsqueda... Comparto las profundas convicciones abiertamente manifestadas en palabras, en hechos y en escritos por tantos sabios de primera categoría, por un Rufini, un Haüy, un Laenec, un Ampère, un Pelletier, un Freycinet, un Coriolis, y si evito nombrar alguno de los que están vivos es por temor de herir su modestia..."[3].

"La vida de Agustín Cauchy ofrece un perfecto modelo de virtud cristiana, así como de suprema actividad intelectual. Fue uno de los más eminentes

---

[2] S. L. Jaki, *The Relevance of Physics* (University of Chicago Press: Chicago 1966), pp 526-27 (A. Cauchy, *Cours d'analyse* (París 1821))

[3] K. A. Kneller, *Chistianity and the Leaders of Modern Science* (Real View Books: Fraser, Michigan 1995), p. 54

matemáticos que Francia ha producido, y su nobleza de carácter no fue menos notoria que su genio matemático"[4].
(Palabras de su compañero de la Academia Francesa, J. B. Biot)

Comentarios

Cauchy, cuyo renombre como matemático solo es quizá comparable al de Gauss, fue un hombre de profundas convicciones cristianas y de piedad fervorosa. Dispuesto siempre a defender y propagar su fe católica y a poner manos a la obra en actividades caritativas. Trabajó con dedicación como miembro de la Conferencia de San Vicente de Paúl para ayudar a los más necesitados. El alcalde de Sceaux, donde vivió sus últimos años, dijo en la ceremonia de su entierro: "Casi todos los días venía a visitarme. Tenía un pobre inválido, un niño de padres desconocidos, una persona joven buscando trabajo, o un soldado, que era único apoyo de su familia, solicitando su vuelta a casa"[5]. Contribuyó a la fundación de numerosas sociedades, para sostener escuelas en las misiones de Oriente, para legalizar uniones irregulares, etc. Cuando las terribles hambres en Irlanda (1846) intervino para que recibiera ayuda. Fundó una unión, y propició la venida de una comunidad de monjas, para la atención y protección a jóvenes solteras.

No deja de ser curioso que, cuando sale a relucir Cauchy en algunos libros de divulgación recientes, se haga mención, despectivamente en ocasiones, de su proverbial piedad, haciendo notar que tenía mal genio.

Al comenzar su actividad docente, Cauchy[6] había tomado juramento de fidelidad al rey Carlos X. Cuando años después estalló una de las frecuentes revoluciones en Francia y Carlos X fue depuesto, siendo coronado Luis Felipe, Cauchy consideró que sería romper su juramento

---

[4]. *Ibíd.*, p. 57; J. B. Biot, Melange III

[5] *Ibíd.*, p. 57; C. A. Valson, *La vie et le travaux du Baron Cauchy* (París 1868).

[6] *Ibíd.*, p. 51.

anterior el jurar fidelidad al nuevo rey. Al rehusar, Cauchy perdió en 1830 todos sus puestos profesionales. Todos los esfuerzos de sus amigos para conseguirle otros fueron en vano. Cauchy dejó Francia y no regresó hasta ocho años después. No fue solo un hombre de genio, fue también un hombre de carácter.

Bernhard Riemann (1826-1866)

Nació en Breselenz, Hanover, y murió joven, a los 4 años, de pleuresía, en Lago Maggiore (Italia)[1].

En 1846 entró en la Universidad de Götingen, y se interesó pronto por las matemáticas. Pasó luego a la Universidad de Berlín, atraído por la fama de algunos de sus profesores, después de un año en Götingen. Su tesis doctoral mereció las alabanzas de Gauss y preparó el terreno para su trabajo posterior sobre teoría de

---

[1] *A Biographical Dictionary of Scientists* (Wiley-Interscience: London 1969).

funciones abelianas en el plano complejo y sobre la función zeta de Riemann. En 1855 fue designado catedrático en Götingen, donde sucedió a L. Dirichlet, que a su vez había sucedido a Gauss. Su salud se había resentido como consecuencia del duro trabajo y los pocos ingresos que percibía como profesor particular durante los años precedentes. Murió de pleuresía cuando tenía por delante un futuro lleno de promesas.

Su punto de partida en la teoría de funciones complejas fue la extensión del concepto de regularidad a funciones multi-valuadas. Introdujo la idea de superficies de Riemann, en las que muchas hojas superpuestas están conectadas alrededor de los puntos de ramificación de la función. Así, una función era descrita básicamente por sus puntos singulares en un solo dominio y por la forma del mapa del contorno del mismo. Inventó la geometría diferencial en espacios de más de tres dimensiones, partiendo del trabajo previo de Gauss en tres dimensiones. Después de presentar argumentos en favor de considerar como fundamental el uso de la métrica cuadrática, se centró sobre las superficies con curvatura constante. Este trabajo, fundamental para la geometría no euclídea, parece que fue motivado por sus estudios de física matemática, en particular de óptica y de electromagnetismo[2].

Citas

"Su esposa estaba recitando para él (Riemann en su lecho de muerte) el Padre Nuestro, mientras él no era ya capaz de hablar, pero a las palabras 'perdónanos nuestros pecados', elevaba los ojos a lo alto; ella sentía las manos -de su esposo- quedarse frías entre las suyas; después de dos o tres suspiros, su noble corazón dejó de latir"[3].

---

[2] *The New Columbia Encyclopedia* (Distributed by J. B. Lippincott and Company: New York and London 1975).

[3] K. A. Kneller, *Chistianity and the Leaders of Modern Science* (Real View Books: Fraser, Michigan 1995).

(Relato biográfico que precede la edición de sus obras completas)

Comentarios

Aunque en su famoso trabajo *Sobre las hipótesis que están en la fundamentación de la geometría*, de 1854, publicado póstumamente en 1868, Riemann pide indulgencia por no estar suficientemente ducho en cuestiones filosóficas (metafísicas), "en las que la dificultad está más en las nociones mismas que en la construcción", su análisis de los fundamentos de la geometría puso en claro que incluso los conceptos geométricos básicos no podían ser tomados como absolutamente indiscutibles: "las propiedades por las cuales el espacio se distingue de otros continuos tridimensionales concebibles pueden probarse solo por la experiencia". La geometría descansa también sobre la inducción a partir de la experiencia y no solo sobre puras inferencias lógicas[4].

Las contribuciones de Riemann a la geometría no euclidiana fueron fundamentales para la formulación posterior de la Teoría General de la Relatividad de Einstein.

---

[4] S. L. Jaki, *The Relevance of Physics* (University of Chicago Press: Chicago 1966), p. 130.

Charles Babbage (1791-1871)

Nacido en Teignmouth, Devon y muerto en Londres[1,2].

---

[1] *A Biographical Dictionary of Scientists* (Wiley-Interscience: London 1969).

[2] *The New Columbia Encyclopedia* (Distributed by J. B. Lippincott and Company: New York and London 1975).

Recibió educación privada en el St. Peter's College, Cambridge, y se graduó allí en 1814. Fundó en Cambridge la Analitical Society, junto con el gran astrónomo J. Herschel y con George Peacock. Escribió un par de trabajos sobre el cálculo de funciones, pero pronto su interés principal se centró en problemas de notación y métodos de cálculo, recogidos después en notas a la Royal Society. Su gran ambición fue eliminar errores en las tablas matemáticas y astronómicas por medio de máquinas capaces, no solo de calcular, sino de imprimir directamente los resultados, buscando eliminar completamente errores humanos. En ello gastó buena parte de fortuna particular y también fondos del gobierno, el cual se mostró demasiado generoso en sus subvenciones.

Viajó mucho por Europa para analizar todo tipo de máquinas y publicó los resultados en su libro *Economy of machines and manufacture* (1834). Por esta época había construido su primera computadora automática, "difference engine", pero por entonces ya había concebido una computadora mucho más potente , "analytical engine", que no pudo construir por falta de fondos.

Charles Babbage, considerado un excéntrico en su tiempo, alcanzó merecido reconocimiento mucho después, como el padre de las modernas computadoras. En ellas los mecanismos mecánicos son sustituidos por mecanismos electrónicos, usando sin embargo los mismos principios de cálculos diseñados por C. Babbage. Por ejemplo Babbage fue el primero en usar tarjetas perforadas en su "difference engine"[3].

Babbage fue Lucasian Proffessor de Matemáticas en Cambridge de 1828 a 1839.

---

[3] S. L. Jaki, *Brain, Mind and Computer* (1st ed. Gateway: South Bend: Indiana 1969).

Citas

"El poder y el conocimiento del gran Creador de la materia y de la mente son ilimitados"[4].

"[El Creador] cuya mente, íntimamente conocedora de las más remotas consecuencias del presente, así como de todas las demás leyes posibles, decretó la existencia de una sola [de ellas], de tal manera que fuera capaz de abarcar en su dominio todo [lo necesario] para completar su destino -lo cual no requeriría intervención futura para hacer frente a eventos no anticipados por su autor, en cuya mente omnisciente no podemos concebir ninguna vacilación en el propósito- ningún cambio en la intención"[5].

[Las limitaciones de la mente humana son evidenciadas por] "aquellos cuyo dominio de muchas de las más profundas ramas del conocimiento de la naturaleza les ha enseñado, por prolongada experiencia, que cada aproximación al tronco les capacita solo para ver una porción más grande de lo ilimitado de su objeto de estudio"[6].

Comentarios

Que Babbage era un hombre profundamente religioso lo prueba el hecho de que escribiera un tratado, *The Ninth Bridgwater Treatise*, destinado a combatir el prejuicio de que "[los objetivos] perseguidos por la ciencia son desfavorables a la religión". Quiso probar en su trabajo que la computadora tiene ciertas características que podrían ser efectivas como pruebas potentes para mostrar la existencia de Dios. Babbage defendió, en esta perspectiva, la posibilidad y la realidad de los milagros, la providencia de Dios, la libertad humana (libre albedrío), y

---

[4] Ch. Babbage, *The Ninth Bridgwater Treatise: A Fragment*, 2nd ed. (London 1838), p. ix.

[5] *Ibíd.*, pp. viii-ix.

[6] *Ibíd.*, p. xi.

la realidad de un castigo y una recompensa futuros. Según Babbage el argumento de Hume contra los milagros era defectuoso por dos conceptos: sobreestimaba el valor de una generalización absoluta inducida de las leyes naturales conocidas, y, por otra parte, simplificaba demasiado la enorme complejidad de los procesos que tienen lugar en el universo. La máquina calculadora, que consiste en la concreción de un sistema jerárquicamente ordenado de instrucciones o leyes, puede dar resultados totalmente fuera del curso natural de los acontecimientos en el momento más inesperado. Por muy compleja que sea la estructura y la operación de una máquina, argüía Babbage, no podría llegar más que a una "tenue estimación de la magnitud del más bajo escalón en la cadena del razonamiento que nos lleva a la Naturaleza, que es la obra de Dios"[7].

---

[7] S. L. Jaki, *Ibíd.*, p. 44-45.

Charles Hermite (1822-1901)

Vivió y murió en París, donde fue catedrático de la Ecole Politechnique y de la Facultad de Ciencias[1].

---

[1] *The New Columbia Encyclopedia* (Distributed by J. B. Lippincott and Company: New York and London 1975).

Ejerció gran influencia sobre la escuela francesa de matemáticas. Hizo contribuciones valiosas a la teoría de los números, a la teoría de las funciones elípticas y a la teoría de las ecuaciones, en particular a la de las ecuaciones de quinto grado. Uno de sus más famosos descubrimientos fue la prueba de la trascendencia del número irracional *e*.

Según dijo Poincaré en su discurso con motivo de la jubilación de Hermite en 1892, había trabajado durante cincuenta años en los más difíciles territorios de las matemáticas y había enriquecido el Análisis Matemático, el Álgebra, y la Teoría de los Números con "inestimables conquistas"[2].

A la muerte de Cauchy, Gauss, Jacobi y Direchlet era considerado por algunos como el matemático más destacado de su tiempo.

Citas

"Hermite fue profundamente afecto a la religión católica; ella era el sostén y el centro de su vida... Sus opiniones y sus tareas estaban en perfecta armonía con el pensamiento católico, lo cual es un mérito poco común." (E. Borel)[3]

"Con Hermite desaparece una de las glorias preclaras de la ciencia de Francia. Hermite no solo destacó entre los maestros de las matemáticas del último siglo, sino que su vida privada fue, también, un modelo. Nadie llegó nunca más lejos que él en la devoción desinteresada a la ciencia. Deja para la historia un nombre imperecedero, y para aquellos que tuvieron la dicha de conocerle, la memoria de un hombre tan grande de corazón como de intelecto. Convencido de la supremacía de los valores espirituales, creyó que el alma debe un día ser coronada

---

[2] K. A. Kneller, *Chistianity and the Leaders of Modern Science* (Real View Books: Fraser, Michigan 1995).

[3] Laisant et Buhl, Annuarire des Matematiciens 1901-10902, París 1902, XXI.

con una completa revelación de aquellas armonías matemáticas de las cuales solo un reflejo es accesible a la naturaleza humana". (P. Painlevé)[4]

Comentarios

En los congresos matemáticos celebrados en Zúrich (1897) y París (1900) Hermite fue elegido presidente honorario por aclamación. Hermite fue el que en 1873 había demostrado por primera vez que el número e es trascendente, es decir, que no puede ser la raíz de una ecuación algebraica con coeficientes enteros. Pocos años después Lindemann, siguiendo la línea de la prueba de Hermite, demostró lo mismo para el número π. Por tanto, al no ser raíz de una ecuación cuadrática no puede determinarse con la regla y el compás. Se habría probado gracias a Hermite, después de 2000 años, que la cuadratura del círculo era imposible.

En sus años jóvenes Hermite había estado apartado de la religión. Pero "gracias a las Hermanas de la Caridad que le cuidaron durante una grave enfermedad, y sin duda también a la influencia de Cauhy "[5] retornó a la fe de sus mayores.

---

[4] P. Painleve en *La nature* XXXIX, 2 fevr. 1901, p. 144-146.

[5] Revue des questions scientifiques XLIX (1901), p. 364.

Biólogos y médicos

Jean Louis Rodolphe Agassiz
Claude Bemard
Johann Gregor Mendel
Louis Pasteur
Alexis Carrell (
John Carew Eccles
Ernst Boris Chain
Jérôme Lejeune

Jean Louis Rodolphe Agassiz (1807-1873)

Naturalista estadounidense, de origen suizo. Nació en Montier, en la región francesa de Suiza, hijo de un ministro y educado como médico y físico en las Universidades de Suiza y Alemania, siguiendo la tradición de muchos naturalistas de su época. Su último día de trabajo en el Museo fue el 6 de diciembre de 1873, muriendo el 14 del mismo mes.

Fue profesor en la Universidad de Harvard desde 1848 hasta su muerte. Desde que se afincó en América su sueño era construir un gran museo de Historia Natural, sueño que se hizo realidad con la fundación del Museo de Zoología Comparada que abrió sus puertas en 1860, y del que fue director hasta 1873. Colaboró en la creación de la American Association for the Advancement of Science (AAAS) y de la National Academy of Sciences, de la que fue miembro fundador en 1863. Igualmente ejerció su colaboración directa en la regencia de la Smithsonian Institution en 1863. Fue el director de la expedición científica de Thayer a Brasil, desde abril de 1865 a julio de 1866. Posteriormente participó en otras expediciones de dragados en mares profundos desde Nueva Inglaterra a San Francisco. El último año de su vida funda el Anderson School of Natural History en la isla Penikese en la costa sur de Massachussets.

Además de la fundación de las instituciones antes mencionadas, y sus numerosos trabajos publicados, hizo grandes contribuciones a la biología evolutiva y la sistemática.

Sus descubrimientos sobre la correlación que existe entre ontogenia, paleontología y morfología fueron rápidamente adoptados por biólogos como Haeckel y utilizados para sostener la teoría evolutiva. Realmente, estos paralelismos no son exactas correspondencias, pero los nexos entre desarrollo y evolución constituyen un campo de investigación de gran relevancia. Quizá su mayor contribución es su seguridad en proponer que los estudios paleontológicos, embriológicos, ecológicos y biogeográficos son necesarios para una verdadera clasificación de los animales que permita mostrar además las relaciones filogenéticas entre los organismos.

La piedra angular de su pensamiento biológico fue la creencia de que la gradación evolutiva desde las formas inferiores a las superiores, en cualquier taxón, se realiza de forma paralela a la aparición en el registro fósil y a los estados embrionarios que se suceden en el desarrollo.

Las formas más inferiores se encuentran en las partes inferiores del registro rocoso, son las más tempranas en el desarrollo embrionario y habitan en las latitudes más altas. Darwin y otros muchos aceptaron estos paralelismos como prueba evidente de la evolución. Darwin en el "Origen de las Especies" escribió "esta doctrina de Agassiz concuerda bien con la teoría de la selección natural" y Haeckel invoca la "recapitulación de la filogenia por la ontogenia" en soporte de la teoría evolutiva. Pero Agassiz no era evolucionista. Agassiz veía el plan de Dios en la naturaleza, y no podía conciliarlo con una teoría que prescindiera de este diseño. Consideraba la especie como "un pensamiento de Dios". Se le considera de los primeros promotores incansables de la ciencia en América, gran sistemático y paleontólogo y el "padre de la Glaciología".

Citas

"El hombre es impulsado a su estudio desde las dos partes que lo forman, espíritu y cuerpo. Ya que su intelecto ha sido creado a imagen de Dios, puede elevarse a la contemplación del plan divino en la Creación. Y por la posesión de un cuerpo material, en el mismo plano de existencia que los animales, se ve impulsado constantemente a investigar el mecanismo de sus estructuras y de las propiedades y funciones de la materia así como la influencia de la materia sobre el intelecto en todos los niveles de la naturaleza".

Claude Bernard (1813-1878)

Fisiólogo francés del siglo XIX que realizó trascendentales descubrimientos y sentó las bases del método experimental en medicina. Su vida fue dura: hijo de un viñador, infancia y juventud se desarrollaron en estrechas condiciones económicas, después fue abandonado por su esposa y durante años arrastró una nefropatía que le llevó a la muerte.

Nació en Saint-Julien en la comarca vitícola del Beau-Jolais (Borgoña) el 12 de julio de 1813. A los ocho años inició los estudios de latín con el párroco de Saint Julián; diez años después tuvo que abandonar los estudios por falta de medios económicos. Se empleó entonces en una farmacia en Lyon, y allí soñaría con ser autor dramático, pero después de la segunda obra se le aconsejó aprender un oficio para vivir. A los 21 años, con escasísimos recursos económicos y sin entusiasmo cursó la carrera de Medicina en París, hasta que en 1840 cuando inició su colaboración con Magendie, determinó su vocación de fisiólogo al contactar con la investigación rigurosa de los procesos vitales. Vocación decidida y ferviente que le llevó a trabajar incansablemente durante toda su vida, en condiciones carentes de toda comodidad, enfrentándose a dificultades económicas y administrativas que le llevaron a enfrentarse a su propia esposa, lo que amargaría su matrimonio

Auxiliar de Magendie en el Collége de France en 1847, comienza un decenio pródigo en aportaciones científicas de primera calidad: función licogénica del hígado, "picadura diabetogénica" en el tronco del encéfalo, función digestiva del páncreas, parálisis por "curare", inervación vasomotora... y tantas otras referentes a los jugos digestivos, la sangre, los centros nerviosos y el sistema simpático, a la vez que elaboraba conceptos tan importantes como el de secreción interna. En las deficientes instalaciones de los sótanos del Collége realizó sus mejores hallazgos y en la cátedra de Magendie (al que sucedió tras su muerte en 1855) los expondría desde 1856 en brillantes cursos de lecciones que serían recogidas e impresas. Desde 1861 es miembro de la Academia de Medicina; es nombrado en 1854 profesor de Fisiología General en la Sorbona, y miembro de la Academia de Ciencias en 1868. Recibe los premios de Fisiología de la Academia de Ciencias en 1849, 1851 y 1853.

Muchas fueron las aportaciones de Bemard al campo de la Fisiología, pero lo más importante fue su modo de hacer y sus reglas metodológicas que han marcado el trabajo experimental.

Citas

En su obra mencionada dice:

"Primero observación casual, luego construcción lógica de una hipótesis basada en la observación, y finalmente, verificación de la hipótesis mediante experimentos adecuados, para demostrar lo verdadero y lo falso de la suposición... En las ciencias experimentales la medición de los fenómenos es un punto fundamental, puesto que es por la determinación cuantitativa de un efecto con relación a una causa dada por lo que puede establecerse una ley de los fenómenos... Cuando el hecho que se encuentra está en oposición con una teoría dominante, hay que aceptar el hecho y abandonar la teoría, aun cuando esta última, sostenida por grandes hombres, esté generalmente adoptada".

Comentarios

Así lo describió Pasteur, su amigo: "La distinción de la persona, la belleza noble de su fisonomía con un carácter de dulzura, amable, seductor al primer contacto; ninguna pedantería, nada artificial de sabio, una simplicidad antigua, la conversación natural, alejada de toda afectación, pero nutrida de ideas fuertes y profundas. En El College, en el laboratorio, en el sótano, tenía pésimas condiciones de trabajo. No obstante, allí hizo sus grandes descubrimientos, y en poco más de una década: de 1846 a 1857. El laboratorio era para él el santuario de la medicina. Bernard es el fundador de la medicina experimental. Después del nombramiento de Miembro de la Academia de Medicina en 1861, fue colmado de honores".

"La unidad del ser vivo exige un principio metafísico que dirige fenómenos que no produce".

Johann Gregor Mendel (1822 -1884)

Biólogo austríaco. Su padre era veterano de las guerras napoleónicas y su madre, la hija de un jardinero. Tras una infancia marcada por la pobreza y las penalidades, en   1843 Johann Gregor Mendel ingresó en el monasterio agustino de Königskloster, cercano a Brünn, donde tomó el nombre de Gregor y fue ordenado sacerdote en 1847.

Residió en la abadía de Santo Tomás (Brünn) y, para poder seguir la carrera docente, fue enviado a Viena, donde se doctoró en matemáticas y ciencias (1851).

En 1854 Mendel se convirtió en profesor suplente de la Real Escuela de Brünn, y en 1868 fue nombrado abad del monasterio, a raíz de lo cual abandonó de forma definitiva la investigación científica y se dedicó en exclusiva a las tareas propias de su función.

El núcleo de sus trabajos, que comenzó en el año 1856 a partir de experimentos de cruzamientos con guisantes efectuados en el jardín del monasterio, le permitió descubrir las tres leyes de la herencia o leyes de Mendel, gracias a las cuales es posible describir los mecanismos de la herencia y que fueron explicadas con posterioridad por el padre de la genética experimental moderna, el biólogo estadounidense Thomas Hunt Morgan.

En el siglo XVIII se había desarrollado ya una serie de importantes estudios acerca de hibridación vegetal. La culminación de todos estos trabajos corrió a cargo, por un lado, de Ch. Naudin (1815-1899) y, por el otro, de Gregor Mendel, quien llegó más lejos que Naudin.

El análisis de los resultados obtenidos permitió a Mendel concluir que mediante el cruzamiento de razas que difieren al menos en dos caracteres, pueden crearse nuevas razas estables (combinaciones nuevas homocigóticas). Pese a que remitió sus trabajos con guisantes a la máxima autoridad de su época en temas de biología, W. von Nägeli, sus investigaciones no obtuvieron el reconocimiento hasta el redescubrimiento de las leyes de la herencia por parte de H. de Vries, C. E. Correns y E. Tschernack von Seysenegg, quienes, con más de treinta años de retraso, y después de haber revisado la mayor parte de la literatura existente sobre el particular, atribuyeron a Johan G. Mendel la prioridad del descubrimiento.

Citas/Comentarios

"De Copérnico a Mendel, de Alberto Magno a Pascal, de Galileo a Marconi la historia de la Iglesia y la historia de las ciencias nos muestran claramente que hay una cultura científica enraizada en el cristianismo".
(Discurso de S.S. Juan Pablo II a los participantes del Jubileo del Mundo Científico)

Fue Mendel el primero en captar la naturaleza dual de los organismos, su dicotomía entre su genotipo y fenotipo. Lo esencial del mendelismo fue el percatarse de la ruptura, nunca antes clara, entre el proceso de herencia y el proceso de desarrollo.
Richard C. Lewontin

Louis Pasteur (1822 -1895)

Nacido en Dôle (Francia). Muerto en Villeneuve L'Etang (Francia).

Químico y bacteriólogo francés. Universalmente celebrado por sus trabajos en Estereoquímica, Teoría de la fermentación, y Desarrollo de las vacunas.. Formado en el Liceo de Besançon y en la Escuela Normal Superior de París, en la que había ingresado en 1843, Louis Pasteur se doctoró en ciencias por esta última en 1847.

Al año siguiente, sus trabajos de química y cristalografía le permitieron obtener unos resultados espectaculares en relación con el problema de la hemiedría de los cristales de tartratos, en los que demostró que dicha hemiedría está en relación directa con el sentido de la desviación que sufre la luz polarizada al atravesar dichas soluciones.

Profesor de química en la Universidad de Estrasburgo en 1847- 1853, Louis Pasteur fue decano de la Universidad de Lille en 1854; en esta época estudió los problemas de la irregularidad de la fermentación alcohólica. En 1857 desempeñó el cargo de director de estudios científicos de la Escuela Normal de París, cuyo laboratorio dirigió a partir de 1867. Desde su creación en 1888 y hasta su muerte fue director del Instituto que lleva su nombre.

Las contribuciones de Pasteur a la ciencia fueron numerosas, y se iniciaron con el descubrimiento de la isomería óptica (1848) mediante la cristalización del ácido racémico, del cual obtuvo cristales de dos formas diferentes, en lo que se considera el trabajo que dio origen a la estereoquímica.

Estudió también los procesos de fermentación, tanto alcohólica como butírica y láctica, y demostró que se deben a la presencia de microorganismos y que la eliminación de éstos anula el fenómeno (pasteurización). Demostró el llamado efecto Pasteur, según el cual las levaduras tienen la capacidad de reproducirse en ausencia de oxígeno. Postuló la existencia de los gérmenes y logró demostrarla, con lo cual rebatió de manera definitiva la antigua teoría de la generación espontánea.

En 1865 Pasteur descubrió los mecanismos de transmisión de la pebrina, una enfermedad que afecta a los gusanos de seda y amenazaba con hundir la industria francesa. Estudió en profundidad el problema y logró determinar que la afección estaba directamente relacionada con la presencia de unos corpúsculos -descritos ya por el italiano Comaglia- que aparecían en la puesta efectuada por las hembras contaminadas.

Como consecuencia de sus trabajos, enunció la llamada teoría germinal de las enfermedades, según la cual éstas se deben a la penetración en el cuerpo humano de microorganismos patógenos.

Citas

"Precisamente porque he pensado y buscado tanto, creo con la fe de un campesino bretón. Si hubiera pensado y estudiado mas, hubiera llegado a creer con la fe de una campesina bretona".

Comentarios

Pasteur hizo pública profesión de su fe al ser recibido en la Academia Francesa. Había sido elegido para suceder a Littré, el famoso positivista y materialista, y era costumbre pronunciar un discurso honrando la memoria de su predecesor. Pero en aquella ocasión Pasteur habló del positivismo. En aquella ocasión dijo:

"¿Qué existe al otro lado del cielo estrellado? Nuevas estrellas y nuevos cielos. Bien. ¡Sea así! ¿Y mas allá que hay? Esta es una cuestión que la mente humana se ve irresistiblemente empujada a formular; nunca cesará de preguntárselo. ¿Imaginamos nos otros que vamos a llegar a un último término en el espacio o en el tiempo? Pero la etapa última a la que llegamos al parar es solo un vasto algo, mayor que cualquier cosa que ha pasado antes, pero, sin embargo, finito; la mente lo percibe, y la percepción se encuentra con el viejo enigma, que no puede resolver ni ignorar...'"

"...No vale decir: mas allá hay tiempo, hay espacio, en cantidad sin límite. Pero es imposible quedarme tranquilo con tal respuesta. La mente que confiesa la conciencia de la idea de Infinito, y no hay mente que deje de estar consciente de ello, está aceptando más de lo sobrenatural que todos los milagros de todas las religiones... Cuando esta idea (infinito) toma posesión del intelecto, solo queda caer, humildemente, de rodillas..."

Alexis Carrell (1873-1944)

Médico francés contemporáneo, notable investigador y conocido humanista. Nace en Lyon el 28 de junio de 1873. Se licenció en Letras en la Universidad de Lyon en 1889 y al mismo tiempo estudiaba Medicina, especialidad en la que obtuvo el doctorado en 1900. Continuó su trabajo en medicina en el Hospital de Lyon y se especializó en cirugía.

Publicó sus primeros trabajos, y allí inició mediante hábiles métodos de sutura sus finas técnicas de cirugía vascular (1902). Por entonces, el agnóstico Carrell tuvo que viajar a Lourdes sustituyendo a un colega para acompañar a una peregrinación de enfermos, y allí presenció con asombro la evidente curación de un enfermo desahuciado de peritonitis tuberculosa. Su honradez le llevó a confesar lo que vio, ante el escándalo de la Medicina oficial que le cerró el camino profesional.

Amargado, emigró a Canadá decidido a hacerse ganadero, pero el contacto con los investigadores americanos le llevaría a reanudar sus trabajos en Chicago. El interés de Cushing y el contacto con Flexner que se encontraba en esos momentos poniendo en marcha la fundación Rockefeller, le llevaron a Nueva York para trabajar en este laboratorio en 1905.

Allí mejoró notablemente los delicados procedimientos de sutura, que permitían la reparación de arterias y venas heridas, las anastomosis e injertos vasculares y una amplia gama de transplantes experimentales de órganos. Por este fecundo trabajo le fue concedido el Premio Nobel de Fisiología y Medicina en 1912.

En un viaje a Lourdes conoció a la que en 1913 sería su esposa, Anne Marie, que tanto le ayudaría en el plano científico y espiritual.

Citas

Fragmentos de su Diario en el libro *Viaje a Lourdes*, Ed. Iberia, Barcelona 1949:

"Quiero creer todo lo que la Iglesia católica quiere que creamos y para ello no experimento dificultad alguna^ porque no hallo ,y/ nada que esté en oposición con los datos ciertos de la ciencia".

(p. 11)

"Yo no soy filósofo ni teólogo; hablo y escribo solamente como hombre de ciencia".

(p. 12).

"La civilización occidental es como un hombre minado por una enfermedad. Poco importa saber cual es el órgano que primero falla. Tanto da que sea el corazón como el riñón, el cerebro o el hígado pues siempre sobreviene la muerte. El inmenso desorden actual es debido tanto a una crisis de la inteligencia como a una crisis de la moral".

John Carew Eccles (1903-1997)

Premio Nobel de Medicina en 1963, autor de numerosos trabajos sobre el cerebro.

Nació en Melbourne (Australia) el 27 de enero de 1903. Gran parte de su temprana educación se la debe a sus padres, ambos profesores. Se graduó en Medicina en la Universidad de Melbourne en 1925 y ese mismo año viaja a Oxford para continuar sus estudios con Sir

Charles Sherrington. Sir John Eccles murió el 2 de mayo de 1997 en Locarno (Suiza).

Durante su estancia en Oxford (1927-1934), trabaja en la transmisión sináptica, en el sistema nervioso central y periférico, en la musculatura lisa y cardíaca, utilizando las nuevas técnicas de electrofisiología. De 1944 a 1951 imparte docencia en la Universidad de Otago en Nueva Zelanda como profesor de Fisiología, y continúa estudiando la transmisión sináptica en el sistema nervioso central

En 1952 es profesor de Fisiología en la Universidad Nacional de Australia hasta 1966. En los primeros años (1953-1955) concentra su interés en las propiedades biofísicas de la transmisión sináptica, investigaciones que le conducen hacia el Premio Nobel. La base conceptual de estos trabajos deriva particularmente de las hipótesis del mecanismo iónico de la actividad de la membrana, desarrollado por distintos autores en Inglaterra (Hodgkin, Huxley, Katz y Keynes). Gracias a los nuevos avances que se producen en las microtécnicas: microscopio electrónico, microelectrodos, microfarmacología, Eccles puede revisar todos sus trabajos y publica en 1964 "La fisiología de la sinapsis".

Sin embargo el sistema nervioso no se comprende únicamente como un sistema de transmisiones sinápticas. La organización de las vías de comunicación son esenciales para explicar su función. Por ello de 1960 a 1966, estos problemas dominan los programas de investigación del laboratorio de Canberra. Posteriormente se investiga no sólo a nivel del cerebro, sino también de núcleos de la columna dorsal, tálamo, hipotálamo y finalmente el cerebelo. Desde 1966 se establece en Estados Unidos y continúa estas investigaciones.

Además de los estudios puramente científicos del cerebro, Eccles ha continuado la labor de Sherrington desarrollando una filosofía de la persona humana en consonancia con una ciencia sobre el cerebro. Varios aspectos de esta filosofía han sido difundidos en charlas y programas de radio, y se ha publicado el pensamiento completo de Eccles en un libro titulado Facing Reality en 1970.

Los trabajos de Eccles en neurofisiología han sido galardonados con numerosos premios en todo el mundo, incluido la Pontificia Academia de Ciencias en 1961.

Citas

"En la muerte nuestro computador (cuerpo y cerebro) se desintegra, pero podemos tener la esperanza de que el programador creado prodigiosamente, nuestro yo o alma, experimentará, a través del amor de Dios, una ulterior existencia inimaginable en otro nuevo modo de ser".

"Existe actualmente un *establishment* materialista que pretende apoyarse en la ciencia y parece coparlo todo. Según esto, yo soy un "hereje Pero en realidad, son muchos los científicos no materialistas y creyentes".

Ernst Boris Chain (1906–1979)

Ernst B. Chain nace en Berlín el 19 de junio de 1906 y muere en el Mayo General Hospital el 13 de agosto de 1979. Con Sir Alexander Fleming y Sir Howard Floren recibió el Premio Nobel de Fisiología y Medicina en 1945 por el descubrimiento de las propiedades curativas de la penicilina y de los antibióticos en general, algo que revolucionó la medicina en la segunda mitad del siglo XX, eliminando en la práctica el azote de la tuberculosis, que hasta entonces era una de las principales causas de muerte en todo el mundo.

Su padre, de ascendencia judía, nació en Rusia y emigró a Alemania para estudiar química. Ernst B. Chain atendió La Universidad Federico-Guillermo de Berlín y allí se graduó en química en 1930. Después de su graduación trabajó por tres años en el Hospital de la Caridad, Berlín investigando las enzimas. En 1933 al llegar al poder los Nazis, emigró a Inglaterra. Allí estuvo dos años con Sir Frederick Gowland Hopkins en Cambridge, trabajando en la Escuela de Bioquímica sobre fosfolípidos. En 1935 fue invitado a trasladarse a Oxford, donde trabajó co Sir. William Dunn en la Escuela de Patología. En 1936 obtuvo allí la plaza de conferenciante en patología química. En 1948 fue nombrado Director Científico del Centro Internacional de Investigación de Microbiología Química en el "Instituto Superiore di Sanita" Roma. En 1961 fue nombrado Profesor de Bioquímica en el Imperial College, Universidad de Londres, donde permaneció por muchos años.

Chain recibió numerosa distinciones de todo el mundo. En 1939 se unió a Howard Florey para investigar agentes naturales antibacterianos producidos por microorganismos. Ello les llevó a reexaminar el trabajo de Alexander Fleming, que había descubierto la penicilina nueve años antes. Chain y Florey descubrieron la actividad terapéutica de la penicilina y su composición química. Chain especuló también sobre la estructura de la penicilina, que Dorothy Hodglein confirmó años después mediante estudios cristalográficos de rayos X.

Chain fue profundamente creyente y educó a sus dos hijos, Benjamin y Daniel en la fe judía de sus mayores.

Sus numerosas distinciones académicas incluyen ser Fellow de la Royal Society (London) en 1949, de la Sociedad Médica Sueca, Medalla del Instituto Pasteur, doctor Honoris Causa de las Universidades de Liege, Burdeos, Turín, París, La Plata, Córdoba y Montevideo. Fue también miembro de la Academia de Medicina de Nueva York, de la Academia dei Lincei de Roma, de la Academia de Medicina de París, de la Real Academia de Ciencias de Madrid, y del Instituto Weizman de Ciencia de Rehovoth (Israel), etc, etc. Fue también comandante de la Legión de Honor francesa (www.nobelprize.org).

Citas

"La idea fundamental del designio o propósito (divino)...mira fijamente al biólogo, no importa donde ponga éste sus ojos... La probabilidad de que un acontecimiento como el origen de las moléculas de Ácido Desoxiribo Nucléico (ADN) haya tenido lugar por pura casualidad es sencillamente demasiado minúscula para considerarla con seriedad..."

(Recogido en la presentación sobre "Hombres de ciencia y de fe" del P. Manuel Mª Carreira, SJ).

Comentario

Ernst B. Chain, como creyente y practicante en la fe de Abraham, Isaac y Jacob repetiría con frecuencia las palabras del Salmista:

"El cielo proclama la gloria de Dios, la bóveda celeste pregona la obra de sus manos; el día al día le pasa el mensaje, la noche a la noche se lo susurra".

(Salmo 18 (19): 2 – 3)

Jérôme Lejeune (1926-1994)

Nació en 1926. Murió el 3 de abril de 1994.

Hombre de fe, hombre de corazón, era también un gran médico y un gran científico. Descubridor de numerosas enfermedades de origen genético, de las que la trisomía 21 es la más conocida.

Fue un ardiente defensor de la vida y de la dignidad de los que él llamaba los "heridos de la inteligencia" y a los que consagró toda su existencia, su energía y su talento. Experto francés del comité científico de la ONU sobre los efectos de las radiaciones atómicas (1957). Experto en Genética humana de la OMS (1962). Miembro de la Academia Pontificia de las Ciencias desde 1974. Fue el primer presidente de la Academia Pontificia para la Vida. Murió a los 33 días de su nombramiento, y fue uno de los promotores de esta institución.

Algunos meses antes de su muerte, publicó junto a una de sus ayudantes, un estudio muy interesante sobre la relación entre la trisomía 21 y la enfermedad de Alzheimer.

Murió el 3 de abril en París, domingo de Resurrección de 1994, como consecuencia de un cáncer de pulmón.

A los 33 años había descubierto la anomalía cromosómica trisomía 21, que origina el mongolismo, utilizando nuevas técnicas experimentales que revolucionarían la Genética. Más de ocho mil pequeños pacientes mongólicos del mundo entero, a la mayoría de los cuales él conocía por su nombre de pila, y sus padres, a quienes él había ayudado a aceptar y querer a sus niños "distintos de los demás ", atestiguan su entrega a la profesión médica y su amor a la vida.

Nombrado catedrático de Medicina a los 38 años, era el catedrático más joven de Francia, y habían creado para él la primera cátedra de Genética Fundamental de todo el país. Se le considera el padre de la Genética Moderna.

Después de su investigación clave vinieron otros descubrimientos: la enfermedad del grito de gato, la monocromía 9, la trisomía 13, etc.... Parecía evidente que iba a recibir el Premio Nobel, pero su fe y su declarada postura antiabortista, le acarrearon demasiados enemigos.

Citas

"No peleo contra los hombres, peleo contra las falsas ideas". Estas palabras de Lejeune son hoy objeto de una furia no disimulada de los que se dicen apóstoles de la tolerancia.

"Se podría imaginar, ciertamente, una sociedad tecnocrática en la que se matara a los viejos y a los deficientes, y donde se acabara con los heridos de ccarretera. Esta sociedad sería quizá económicamente eficaz. Pero esta sociedad sería inhumana. Estaría pervertida por un racismo tan tonto y tan abominable como los otros, el racismo de los sanos contra los enfermos".

"Sólo el hombre tiene la gracia de admirar una puesta de sol, de contemplar la belleza, de concebir el infinito, y de poder razonar sobre su condición humana".

Comentarios

Durante las intervenciones habidas en Ciudad del Vaticano, jueves, 19 febrero 2004, uno de los momentos de mayor intensidad se vivió cuando, al recordar la talla moral y espiritual del profesor Jérôme Lejeune, el cardenal Fiorenzo Angelini -presidente emérito del Consejo Pontificio para la Pastoral de la Salud- propuso la apertura del proceso de beatificación de quien fuera uno de los más destacados genetistas del siglo XX.

La propuesta fue acogida por el aplauso en pié de la asamblea, describe "Radio Vaticana" y por el conmovedor abrazo que dio al purpurado la esposa del profesor Lejeune, fallecido en abril de 1994.

A él se refirió el cardenal Angelini como un científico que vivió con heroísmo su fe cristiana en la profesión, que la acompañó "de la sencillez" y de "la alegría de servir a la vida con plena dedicación y total desinterés".

Astrónomos y cosmólogos

Nicolás Copérnico
Johannes Kepler
Sir William Herschel
Heinrich Wilhem Olbers
Friedrich Wilhelm Bessel
Victor Francis Hess
Georges Lemaítre
Wernher von Braun

Nicolás Copérnico (1473-1543)

Nacido en Torun y muerto en Ermeland (Polonia). Pertenecía a una familia rica de comerciantes.

Estudió en la Universidad de Cracovia, la más antigua y prestigiosa de su patria. Fue canónigo de la Catedral de Frauenburg[1,2].

Entre los años 1496 y 1503 completó estudios en Bolonia y en otras universidades italianas. Durante este tiempo estudió autores clásicos, griegos y romanos, lo

---

[1] *A Biographical Dictionary of Scientists* (Wiley-Interscience: London 1969).

[2] S. L. Jaki, *The Savior of Science* (Reguery Gateway: Washington D.C., 1988).

que despertó su interés por la astronomía. Estudió también Medicina en Padua y Derecho Canónico en Ferrara. En años siguientes adquirió una buena reputación como astrónomo. Aunque hizo más de medio centenar de observaciones astronómicas, su mayor base de datos la obtuvo de los autores clásico estudiados- poco después de 1510 escribió un comentario corto, *Commentariolus*, en el cual presentaba esquemáticamente su teoría heliocéntrica, que ofrecía una explicación más simple para los movimientos planetarios que la teoría de Ptolomeo, conocida en la Europa Medieval cristiana desde hacía varios siglos, principalmente por medio de traducciones árabes hechas en Castilla y Sicilia en los siglos XII y XIII. A través de estas traducciones conoció la primera propuesta heliocéntrica hecha por Aristarco de Samos, unos mil setecientos años antes. También conoció, un hecho muy importante, la obra del maestro medieval cristiano Jean Buridan, que por entonces era estudiada en casi todas las grandes universidades europeas. La introducción del concepto de movimiento inercial aplicado a los planetas que hizo Buridan, precursor de Newton en este punto, fue muy probablemente decisivas para Copérnico.

Como es bien sabido, Copérnico en su obra principal, *De revolutionibus orbium celestium* (1543), presenta su tesis de que los movimientos de los planetas son circulares y centrados alrededor del Sol. Más tarde Kepler descubriría, a partir de los datos de Tycho Brahe, que en realidad son elipses con excentricidades muy pequeñas. Dedujo además, correctamente, que la distancia del Sol a las estrellas fijas debería ser muy grande, y que la Tierra debía rotar alrededor de su eje, con la Luna girando alrededor de ella. Las predicciones del sistema copernicano no eran mejores que las del sistema tolomeico, pero la simplificación del cálculo era extraordinaria.

Citas

"Y ya que es propio de todas las buenas artes alejar las mentes de los hombres de los vicios y dirigirlas a cosas mejores, estas artes [matemáticas] pueden hacerlo muy abundantemente, y muy por encima de la increíble satisfacción [que proporcionan] a la mente. Porque ¿quién, después de aplicarse a las cosas que él ve establecidas en el mejor orden, y dirigidas por el dominio divino, no es capaz de despertar a la diligente contemplación y habituación a lo que es mejor, y no es capaz de maravillarse ante el Artífice de todas las cosas [existentes], en Quien reside toda felicidad y todo bien?"[3].

"Porque el divino Salmista seguro que no diría gratuitamente que se complació en la obra de Dios y se regocijó en los trabajos de sus manos, a no ser que [precisamente] por ellas, y como por intermedio de ellas, fuéramos transportados a la contemplación de Dios altísimo"[4].

Comentarios

Copérnico, el gran innovador en Astronomía, junto con Kepler, Galileo y Buridan, el gran innovador en Mecánica, junto con el mismo Galileo -todos ellos cristianos- culminan en Newton, que une definitivamente ambas y pone en marcha así la gran aventura de la ciencia contemporánea. Nada parecido había ocurrido en ninguna de las civilizaciones paganas, incluyendo la brillante civilización griega de los siglos previos al advenimiento del Cristianismo[5].

---

[3] *Great Books in the Western World. 16 Ptolemy, Copernicus, Kepler* (The University of Chicago Press: Chicago 1977), p. 510.

[4] *Ibíd.*, p. 510.

[5] S. L. Jaki, *The Road of Science and the Ways to God* (The University of Chicago Press: Chicago 1978).

La vida de Copérnico estuvo consagrada a Dios como servidor de la Iglesia, y como estudioso de la admirable obra de sus manos.

Johannes Kepler (1571-1630)

El alemán nació en Weil, Würtemburg y murió en Ratis- bona, Baviera[1].

Su padre fue un soldado de fortuna y vivió buena parte de su niñez en la pobreza. Sus dotes intelectuales

---

[1] *A Biographical Dictionary of Scientists* (Wiley-Interscience: London 1969).

le permitieron ser becado para estudiar Teología en el Seminario Protestante de Adelberg. Un brillante examen para el grado de bachiller le valió el paso a la Universidad de Tübingen, donde estudió Astronomía como parte del currículum de magister (maestro) en filosofía. Allí fue influenciado por las obras de Copérnico. De 1593 a 1598 fue profesor de matemáticas en Graz y escribió también allí el *Mysterium Cosmographicum*, en el que proponía que cada órbita planetaria era circunscrita por un poliedro regular, que a su vez tenía inscrita en él la órbita del planeta inmediatamente más cercano al Sol. Esta propuesta suya, ingeniosa pero totalmente artificiosa, atrajo sobre él la atención de Tycho Brahe y de Galileo, con los que mantuvo correspondencia. La preocupación por encontrar regularidades geométricas en los cielos le acompañó toda su vida, pero sus éxitos como figura clave de la astronomía le vinieron más adelante, por su atención meticulosa al detalle observado, tanto en las precisas tablas de Tycho como en las realizadas por él mismo más tarde[2].

En 1600 Kepler fue nombrado asistente del Tycho en el observatorio de Praga. Al morir este, un año más tarde, Kepler heredó las Tablas de Tycho Brahe y le sucedió como matemático de la corte de Rodolfo II, Emperador del Sacro Imperio Romano. Pronto publicó sus dos primeras leyes (1609), seguidas diez años más tarde por la tercera. Como es sabido, ellas establecen:

1ª ley: Que cada órbita planetaria es una elipse con el Sol ocupando una posición focal.

2ª ley: Que las áreas barridas por los radios vectores en tiempos iguales son iguales.

3ª ley: Que la razón del cubo del semi-eje mayor de la elipse al cuadrado del período de revolución correspondiente es la misma para todos los planetas.

Escribió después un *Epitome de la Astronomía de Copérnico*, en 1618, y *De Cometis y Harmonice Mundi* ,que contenía la tercera ley. A su muerte, Catalina

---

[2] Ver nota biográfica en *Great Books in the Western World. 16 Ptolemy, Copernicus, Kepler* (The University of Chicago Press: Chicago 1977) p. 841.

II de Rusia compró sus manuscritos, que fueron conservados en el observatorio de Pulkovo[3].

Citas

"Pero me parece que su uso [el de la verdad concerniente a la naturaleza mudable de los cielos] no es inútil para explicar aquellas partes de la filosofía de Aristóteles que son claramente falsas, como el Libro VIII de la Física en lo concerniente a los movimientos celestes y el Libro VII de *Sobre los Cielos* relativo a la eternidad de los cielos, de manera que se pueda hacer una comparación entre la filosofía de los gentiles y la verdad del dogma cristiano"[4].

"[...] no Tycho, no yo, sino Cristo mismo se pronuncia en lo concerniente a este mundo visible: 'Cielos y tierra pasarán'; y el Salmista, 'se pondrán viejos como una túnica'; y Pedro, 'Serán destruidos de raíz y consumidos por el fuego eterno'.'"[5]

"Ya que nosotros cristianos no podemos dejar de reconocer que la sabiduría más alta ha presidido sobre la institución de los movimientos por los cuales los cuerpos celestes se mueven velozmente en su propia región y son despachados a sus espacios propios como si estuvieran libres de barreras; Aristóteles sin embargo asignó este oficio a los motores mismos, como si fueran eternos"[6].

Comentarios

Aunque el temperamento místico de Johannes Kepler le indujo con frecuencia a ver a Dios a priori en las

---

[3] *The New Columbia Encyclopedia* (Distributed by J. B. Lippincott and Company: New York and London 1975).

[4] Ver *Epitome of Copernican Astronomy* en *Great Books in the Western World. 16 Ptolemy, Copernicus, Kepler* (The University of Chicago Press: Chicago 1977), p. 848.

[5] *Ibíd.*, p. 848.

[6] *Ibíd.*, p. 891.

regularidades geométricas que él imaginó en el universo, sus contribuciones más valiosas, basadas en meticulosas observaciones y cálculos hercúleos, realizados en parte con la ayuda de los logaritmos inventados poco años antes por John Napier, constituían ciertamente para Kepler vías a posteriori hacia Dios, basadas en los movimientos de los cielos, y no en economías mentales concebidas para catalogar puros fenómenos aparentes[7].

---

[7] S. L. Jaki, *The Roads of Science and the Ways to God* (The University of Chicago Press: Chicago 1978).

Sir William Herschel (1738-1822)

Nació en Hannover (Alemania). Murió en Londres[1,2].
Fue hijo de un miembro de la Guardia Hanoveriana,
en la que él mismo entró a los catorce años. Tras sufrir

---

[1] *A Biographical Dictionary of Scientists* (Wiley-Interscience: London 1969).

[2] *The New Columbia Encyclopedia* (Distributed by J. B. Lippincott and Company: New York and London 1975).

varios años la dureza de la Guerra de los Siete Años se traslada a Inglaterra donde se gana la vida al principio como organista y músico. Después de conseguir trabajo estable como organista en Bath, en 1766, se aplica al estudio de las matemáticas y de la astronomía. En el año 1774 se había construido su propio telescopio reflector gregoriano de cinco pies y medio. A partir de aquí se dedicó a fabricar él mismo telescopios cada vez más grandes, que le permitieron realizar importantes descubrimientos, entre ellos el del planeta Urano (1781) que se consideró al principio como un cometa. Fue nombrado astrónomo del Rey, con un salario de £200 al año. Unos años después descubrió dos satélites de Urano. Las observaciones más valiosas las realizó con el telescopio de veinte pulgadas de apertura, con espejos que él mismo había pulido con gran maestría.

Descubrió el movimiento intrínseco del Sol y el de otras siete estrellas brillantes con respecto al fondo de las estrellas visibles más lejanas. Publicó extensos catálogos de estrellas dobles y anticipó que algunas de ellas tenían movimiento orbital una alrededor de otra. Comprobó luego, por primera vez en la historia de la astronomía, que las leyes de Kepler se podían aplicar fuera de nuestro sistema solar al movimiento de las estrellas dobles binarias, estrellas que mucho más adelante serían decisivas para determinar grandes distancias en el universo.

Su identificación de verdaderos sistemas binarios de estrellas, en contraposición con las dobles estrellas ópticas o aparentes, contribuyó a construir una imagen bien definida de la Vía Láctea. La cuestión de si algunas de las nebulosas observables eran del mismo tipo o no que nuestra Vía Láctea no podría decidirse hasta el siglo XX, con los grandes telescopios de Monte Wilson, y Monte Palomar, que resolvieron por primera vez estrellas individuales en Andrómeda, una de las galaxias más próximas a la nuestra.

El catálogo de nebulosas del hemisferio Norte de W. Herschel, completado en 1820, contenía 5.000 nuevas nebulosas. Su hijo y colaborador, Sir John F.W. Herschel, realizó catálogos complementarios de estrellas y nebulosas en el hemisferio Sur. Ambos, padre e hijo, hicieron muchas otras innovaciones importantes en astronomía, incluyendo el uso de la fotografía y el análisis del color de la luz de las estrellas.

Citas

"[Aquellos de nosotros que amamos la sabiduría]... estamos capacitados por la metafísica para probar la existencia de una primera causa, el autor infinito de todos los seres dependientes"[3].

"Media docena de experimentos hechos con juicio por una persona capaz de razonar bien, son más valiosos que mil observaciones de cosas insignificantes hechas al azar"[4].

Comentarios

Fue parte del legado escrito del viejo Herschel, "que no gustaba de incluir discusiones de temas filosóficos en sus trabajos científicos", la afirmación de que, de dos errores, "especular demasiado o especular demasiado poco", él prefería ser culpable de lo primero. Por especular él entendía usar la razón, no el instinto. La ciencia, la ciencia creativa, justificaba una vez más, con Herschel, que sus trayectorias conceptuales propias no eran aquellas preconizadas por Hume, sino aquellas hechas para conducir al Autor de todas las cosas"[5].

Sir John F.W. Herschel, hijo y colaborador del viejo Herschel, cuyas contribuciones a la Astronomía no

---

[3] W. Herschel, *On the utility of Speculative Inquiries*, April 14 (1780); *The Scientific Papers of Sir William Herschel*, ed. J. L. E. Dreyer (Royal Society: London 1912), 1: lxxxi.

[4] S. L. Jaki, *The Roads of Science and the Ways to God* (The University of Chicago Press: Chicago 1978), p. 110.

[5] W. Herschel, *On the Construction of the Heavens; The Scientific Papers of Sir William Herschel*, ed. J. L. E. Dreyer (Royal Society: London 1912), 1: 330

fueron inferiores a las de su padre, también fue un creyente firme y un hombre de piedad sincera[6]. Cuando, a la muerte de Laplace, J.B. Biot fue preguntado que quién consideraba él como su sucesor contestó: "Si no juera por mi estrecha amistad hacia él, diría sin duda: John Herschel".

John Herschel, en una de sus conferencias[7] dijo: "Voluntad sin motivo, Potencia sin plan, Pensamiento opuesto a razón, serían admirables para explicar el caos, pero serían de poca ayuda para cualquier otra cosa".

---

[6] K. A. Kneller, *Chistianity and the Leaders of Modern Science* (Real View Books: Fraser, Michigan 1995).

[7] John F. W. Herschel, *Familiar Lectures on Scientific Subjects*, London 1867, pp. 474-475.

Heinrich Wilhem Olbers (1758-1840)

Astrónomo alemán. Fue el primero (1797) en establecer un método satisfactorio para calcular las órbitas de los cometas[1]. A pesar de la fama que estos cálculos le atrajeron, permaneció como astrónomo

---

[1] *The New Columbia Encyclopedia* (Distributed by J. B. Lippincott and Company: New York and London 1975).

amateur y continuó practicando la medicina. Descubrió varios cometas, entre ellos el que lleva su nombre, que apareció en 1815 y tiene un período de 72,7 años. Descubrió los asteroides Pallas (1802) y Verta (1807). Considerando las órbitas de estos y otros asteroides, concluyó que se trataba de fragmentos de un antiguo planeta orbitando alrededor del Sol que había sido roto por un impacto.

Propuso la famosa paradoja de Olbers[2] según la cual un universo infinito con infinitas nebulosas y estrellas homogéneamente distribuidas era contradictorio con el hecho observado de que el cielo nocturno es oscuro. Olbers argüía que la disminución de la luz procedente de estrellas en casquetes esféricos cada vez más lejanos era compensada con el aumento del número total de estrellas en ellos, lo que debía dar lugar a una luminosidad homogénea en lugar del fondo oscuro observado.

Citas

"Estoy aquejado por los inevitables achaques [de la vejez]. Pero todo ello hay que sobrellevarlo [lo mejor posible], y nadie puede esperar una [buena] salud a tan avanzada edad. Estoy agradecido por las favorables circunstancias con las que la Providencia me ha bendecido, lo que me permite pasar mis últimos *años in otio cum dignitate...* Y mi partida se hace más fácil por la sensación de que ya me he hecho un miembro inútil y dispensable de la sociedad humana, y por la curiosidad de experimentar lo que espera al hombre después de la muerte corporal. Solo ruego que mi partida sea breve, sin una larga y penosa enfermedad".

(Carta a su amigo Bessel, 15 de julio de 1838)[3]

Comentarios

---

[2] S. L. Jaki, *The Paradox of Olber's Paradox* (Herder and Herder: New York 1969).

[3] K. A. Kneller, *Chistianity and the Leaders of Modern Science* (Real View Books: Fraser, Michigan 1995), p. 58.

Olbers hizo contribuciones importantes a la astronomía, en especial al descubrimiento de los asteroides, y fue un hombre creyente y profundamente religioso, como demuestra su abundante correspondencia con Bessel a lo largo de los años[4]. La paradoja óptica observada por Olbers, que apunta a un universo finito, tiene considerable importancia, porque, manteniendo un universo estrictamente infinito en el número de estrellas, las distintas explicaciones que se propusieron no resultaban plenamente satisfactorias. Solo en la segunda mitad del siglo XX., la observación del fondo cósmico de radiación, invisible por tratarse de microondas, que procede de una esfera con un radio de unos 15.000 millones de años luz, en cuya superficie todavía no se habían podido formar ni galaxias ni estrellas cuando fue emitida, apenas unos cientos de millones de años luz después del "big Bang", nos da una explicación adecuada de por qué el fondo del cielo de noche se ve oscuro.

---

[4] Briefwechel zwischen W. Olbers und F. W. Bessel, heransgeg von Erman. Citado en Ref. (3).

Friedrich Wilhelm Bessel (1784-1846)

Nació en Minden, al norte de Rhine-Westphalia, y murió en Königsberg, Prusia[1].

De joven trabajó en el negocio de un comerciante de Bremen. Estudió navagación, y, en consecuencia, los

---

[1] *A Biographical Dictionary of Scientists* (Wiley-Interscience: London 1969).

rudimentos de astronomía teórica y práctica, como preparación para futuros viajes por mar. En 1804, para probarse a sí mismo sus conocimientos en la materia, analizó una serie de observaciones de T. Harriot (1560-1621) sobre el cometa Halley realizadas doscientos años antes por el navegante, físico, astrónomo y matemático inglés, y hechas públicas en Alemania por el barón von Zach en 1788. Bessel comunicó su análisis de estos datos a su compatriota H.W.M. Olbers, cuya reputación como astrónomo era ya bien reconocida. Olbers quedó favorablemente impresionado y en 1806 recomendó a Bessel para trabajar como asistente de J.G. Schroter en Liliental.a los 26 años, Bessel fue designado Director del nuevo observatorio en Konigsberg, y poco después se embarcó en el estudio de las correcciones necesarias para conseguir más y más precisión en los datos observados. Con estas correcciones hizo determinaciones precisas de las posiciones de unas 4.000 estrellas. Fue nombrado profesor de la Universidad de Königsberg.

Entre sus numerosos logros, el más famoso es el del descubrimiento del paralaje de una estrella cercana, 61 Cygni, anunciado en 1838, unos doscientos años después de que empezaran a usarse los primeros telescopios. Hacia 1833 habría catalogado con precisión las posiciones de otras 50.000 estrellas [2]. El descubrimiento del paralaje de una estrella cercana, que confirmaba cuantitativamente el desplazamiento aparente de las estrellas cercanas con respecto al fondo de las estrellas más lejanas debido al movimiento de la Tierra alrededor del Sol, fue calificado por J.F.W. Herschel como "el más grande y más glorioso triunfo que ha visto nunca la astronomía práctica".

Bessel observó pequeñas oscilaciones (1834) en la posición de Sirius, una de las estrellas más brillantes, y llegó a la conclusión de que tenía una compañera oscura. Diez años después fue detectada por Clark.

---

[2] *The New Columbia Encyclopedia* (Distributed by J. B. Lippincott and Company: New York and London 1975).

Estudió también los períodos de cada una de las principales lunas de Júpiter, calculó la masa y el volumen de este y concluyó que su densidad era 1,35 veces la del agua, bastante inferior a la de la Tierra. Bessel fue también un gran matemático. En su tratamiento de las perturbaciones del movimiento planetario, extendiendo y generalizando trabajos previos de Bernoulli, Euler y Lagrange, introdujo las funciones de Bessel:

$$J_n(z) = (1/2\pi) \int_0^{2\pi} \cos(nu - z\,\text{sen}\,u)\,du, \ \text{con } n = 1, 2, 3,...$$

Estas funciones permitían expresar la anomalía excéntrica del movimiento de un planeta como una expansión en términos sucesivos de la anomalía media. Estas funciones, como se vio más adelante, son las soluciones de una ecuación diferencial, la ecuación de Bessel, que resultó fundamental para investigar muchos problemas y muy diversos en física matemática.

Citas

"Aprendo a comprender más y más que los verdaderos elegidos de la fortuna son aquellos a quienes el Cielo ha bendecido con un amigo de verdad [...] Disfrutemos de lo que Dios, cuya bondad está tan infinitamente por encima de la del hombre, nos ha dado [...] Diosa sabe, querido Olbers, qué duro es para mí estar tan cerca de Vd., y no ser capaz de visitarle."

(Correspondencia entre Bessel y Olbers)[3]

Comentarios

Bessel fue uno de los más grandes astrónomos del siglo XIX, si no el mayor, tanto por sus minuciosas y precisas mediciones, como por los brillantes e innovadores cálculos matemáticos para describirlas, que

---

[3] K. A. Kneller, *Chistianity and the Leaders of Modern Science* (Real View Books: Fraser, Michigan 1995).

encontraron luego aplicación en las más apartadas ramas de la física; también fue, como se deduce directamente de su correspondencia con Olbers, un hombre de fe, y un buen cristiano. El caso de la determinación por Bessel del paralaje de 61 Cygni (0,29" de arco), así como los de a Lirae (0,12" de arco) y a Centauri (0,92" de arco), la segunda estrella más cercana al Sol, por Struve y Henderson respectivamente, ilustran muy bien la importancia de la precisión en Astronomía y en Física en general. Desde tiempos de Hooke, casi doscientos años antes de ellos, y pasando por Roemer y Flamsteed, astrónomo real del monarca británico, sucesivas generaciones de astrónomos habrían intentado medir paralajes estelares con mejores instrumentos y con método cada vez más cuidadosos, para evitar en lo posible toda clase de errores. Al fin, *Copernicus triumphans*, se había precipitado a decir P. Hore- brow, equivocadamente, al reanalizar datos previos de Roemer que parecían indicar un paralaje de 40". Once años después, gracias a la medida de Bessel sobre 61 Cygni, Copérnico había resultado triunfante al fin[4].

[4] S. L. Jaki, *The Relevance of Physics* (The University of Chicago Press: Chicago 1966).

Victor Francis Hess (1883-1964)

Nació en Waldstein , Styria (Austria) y murió en Nueva York[1].

Se educó en Graz, donde recibió su formación de escuela secundaria y luego realizó sus estudios

---

[1] *A Biographical Dictionary of Scientists* (Wiley-Interscience: London 1969).

universitarios, recibiendo su Doctorado en 1906. de 1920 a 1920 fue profesor asistente en el Instituto de Investigaciones sobre el Radio de la Academia de Ciencias de Viena. En 1920 pasó a ser Profesor Extraordinario de Ciencias en Graz. Su primera estancia temporal en Estados Unidos de América fue de 1921 a 1923, como primer director de la U.S. Radium Corporation, Orange, New Jersey.

En 1925 fue nombrado Profesor Ordinario - Catedrático) en Graz y, seis años más tarde, Catedrático de Física en Inns- bruck. En 1936 recibió el Premio Nobel de Física con C.D. Anderson y en 1938 se trasladó a la Universidad de Fordham, en Nueva York, regida por los jesuitas, y permaneció en América hasta su muerte, habiéndose nacionalizado ciudadano de los Estados Unidos de América en 1944.

El premio Nobel le fue otorgado por el descubrimiento y la investigación de los rayos cósmicos. Se sabía desde los primeros estudios sobre la radioactividad, que era imposible excluir por completo un fondo de radiación remanente, incluso si el experimento se realizaba en el interior de una caja formada por ladrillos de plomo. Los experimentos de Hess y sus colaboradores mostraron que al menos parte de la radiación ionizante detectada era de origen exterior a la Tierra. Hess realizó experimentos en globos (1911-1912) a diferentes alturas, y la intensidad de la radiación ionizante detectada en el interior de un compartimento cerrado descendía a un mínimo a los 1.000 metros de altura y luego subía de nuevo hasta alcanzar el doble del valor de su intensidad en la superficie terrestre al llegar a unos 5.000 metros. Hizo una ascensión un día de eclipse solar y no notó cambio en la intensidad, concluyendo que el origen de la radiación cósmica no era solar, sino que procedía del espacio exterior. Estudios posteriores de Compton apuntaban a fuentes fuera de nuestra galaxia.

Los rayos cósmicos, que aún encierran importantes datos cósmicos por dilucidar, han resultado ser extremadamente valiosos para poder investigar partículas elementales. De hecho, la investigación de trayectorias -formadas por átomos ionizados- de rayos cósmicos en una cámara de niebla, condujo al descubrimiento del positrón, la primera antipartícula, por C.D. Anderson, que compartió el Premio Nobel con Hess, como se ha dicho.

Hess trabajó también [2] en métodos para medir cantidades minúsculas de sustancias radioactivas. Fue autor, entre otros, de un valioso libro sobre Radiación Cósmica y sus efectos biológicos.

Citas

"Relativamente corta es la siguiente lista de Premios Nobel (1900-1908), que, protestantes, católicos o judíos, han dejado constancia de su creencia en Dios. En Física la lista incluye a Planck, Marconi, de Broglie, Compton, Hess, Penzías, Townes, Brockhouse. Entre los químicos se pueden citar a Rutherford, Debye, Seaborg, Hinselwood, Perutz..."[3].

Comentarios

Victor Hess fue uno de los grandes científicos del siglo XX que en su vida y en su obra, dejaron constancia de su fe en Dios. Dedicó buena parte de su vida a la enseñanza y a la investigación en una de las primeras universidades católicas de los Estados Unidos, la Universidad de Fordham, regida por los jesuitas.

Es difícil exagerar la importancia de los rayos cósmicos, con energía millones de veces mayores que las obtenidas en los grandes aceleradores de partículas, para futuras investigaciones cosmológicas.

---

[2] *The New Columbia Encyclopedia* (Distributed by J. B. Lippincott and Company: New York and London 1975).

[3] S. L. Jaki, ensayo introductorio a la nueva edición de K. A. Kneller, *Chistianity and the Leaders of Modern Science* (Real View Books: Fraser, Michigan 1995).

Georges Lemaître (1894-1966)

Nació en Charleroi y murió en Lovaina (Bélgica)[1].

Siendo ingeniero civil por el tiempo de la Primera Guerra Mundial, Lemaître sirvió como oficial de artillería en el ejército belga. Después de la guerra entró en el seminario y fue ordenado sacerdote en 1923.

---

[1] *Encyclopedia Britannica*, Micropedia Vol. VI, 15th ed. (1974).

Posteriormente estudió, primero en el laboratorio de física solar de la Universidad de Cambridge, Reino Unido (1923-24) y luego en el Massachussetts Institute of Technology, Estados Unidos de América (1925-1927). En Estados Unidos se enteró de las observaciones de Hubble en el observatorio de Monte Palomar (California) que indicaban la expansión de las galaxias que rodean a la nuestra, a velocidades cada vez mayores en proporción a su distancia a nuestra Vía Láctea.

En 1927, el año en que fue nombrado Profesor de Astrofísica en la Universidad de Lovaina, propuso su teoría del "big-bang", que explicaba la recesión de las galaxias en el marco de la teoría general de la Relatividad de Einstein. Aunque se habían considerado soluciones de las ecuaciones einstenianas para un universo en expansión por el astrónomo holandés W. de Sitter, y el científico ruso A. Friedmann, las soluciones de G. Lemaître eran más generales -incluían también un término adicional sugerido por Einstein, en el que figuraba la famosa constante cosmológica- y a partir de entonces se empezaron a usar habitualmente en Cosmología. Lemaître se entrevistó con A. Einstein en Estados Unidos, entrevista que suscitó considerable curiosidad en la prensa americana[2].

Lemaître hizo investigaciones también sobre rayos cósmicos y sobre el problema de los tres cuerpos. Sus obras incluyen *Discussion sur l'evolution de l'Universe* (1933) y *L'Hipothése de l'atome primitive* (1946).

Fue presidente de la Academia Pontificia de Ciencias, nombrado por el Papa Pío XII.

Citas

"¿Tendrá la Iglesia necesidad de la Ciencia? Ciertamente que no, le bastan la cruz y el Evangelio. Pero a un cristiano nada de lo humano le es extraño. ¿Cómo podría la Iglesia desinteresarse de la más noble de las

[2] R. Jastrow, *God and the Astronomers* (W. W. Norton and Company. New York and London 1978), p. 39.

ocupaciones estrictamente humanas: la búsqueda de la verdad?"[3].

"Los dos, el sabio cristiano y el no cristiano, se esfuerzan en descifrar el múltiplemente imbricado palimsesto de la naturaleza, donde las trazas de diversas etapas de la larga evolución del mundo están recubiertas y confundidas. El creyente tiene, pudiera ser, la ventaja de saber que el enigma tiene solución, que la escritura subyacente es, a fin de cuentas, la obra de un ser inteligente, ya que el problema puesto por la naturaleza ha sido puesto para ser resuelto, y ya que su dificultad es proporcionada, sin duda, a la capacidad de la humanidad presente o por venir. Ello no le dará, quizá, nuevos recursos para la investigación, pero ello contribuirá a mantenerle en ese sano optimismo sin el cual un esfuerzo sostenido no puede con- tinuarpor largo tiempo"[4].

Comentarios

Creo que palabras como estas necesitan poco comentario.

.

[3] Citado en el discurso de Su Santidad Juan Pablo II (10-XI-1979) a la Sesión Plenaria en la conmemoración de A. Einstein (100 aniversario de su nacimiento). Pontificia Academia Scientarum Scripta 64, p. 52, Roma (1986).

[4] *Ibíd.*, p. 52.

Wernher von Braun (1912-1977)

Nació en Wirsitz (Alemania), actualmente Wyrzyst (Polonia), de una familia aristocrática alemana. Su padre, el barón Magnus von Braun, fue ministro de gabinete de la República de Weimar y después ministro de Agricultura. Su madre, de soltera Emmy von Quistorp, animó la curiosidad científica del joven Wernher regalándole un telescopio con motivo de su confirmación en la Iglesia Luterana. Su interés por la astronomía a edad temprana despertó en él la curiosidad por el espacio y por los viajes espaciales[1].

De 1937 a 1945 fue director técnico del centro alemán de investigaciones sobre proyectiles dirigidos en Peenemünde. Fue responsable del desarrollo de los misiles V-2, propulsados por combustible líquido. Al finalizar la guerra, fue trasladado a los Estados Unidos, donde, de 1945 a 1950 fue asesor técnico del centro de pruebas de White Sands, y director de proyecto en Fort Bliss, Texas. Durante el período 1950-1956 fue jefe de la división de desarrollo de misiles dirigidos de la Ar- my Ballistic Missile Agency, donde desarrolló proyectiles que más adelante abrirían el camino para el programa que llegó a poner hombres en la Luna. En 1970 fue nombrado Deputy Associate Administrator de la Agencia Espacial Americana

(NASA). Publicó varios libros sobre temas espaciales, entre ellos *First Men to the Moon* (1960)[2].

Citas

"La ciencia, por sí misma, no tiene dimensión moral. La droga que cura cuando se toma en pequeñas dosis puede matar cuando se toma en exceso. El cuchillo que en manos de un cirujano diestro puede salvar una vida, será mortal cuando alcance unos centímetros más profundo de lo requerido. La energía nuclear, que produce energía eléctrica barata en un reactor, puede matar cuando se descarga abruptamente en una bomba. Por tanto no tiene sentido preguntar si la droga, o el cuchillo o la energía nuclear son 'buenas' o 'malas' para la humanidad".

(W. Von Braun, 1971)[3]

---

[1] *Encyclopedia Britannica*, Micropedia Vol. III, 15th ed. (1974).

[2] *The New Columbia Encyclopedia* (Distributed by J. B. Lippincott and Company: New York and London 1975).

[3] *Encyclopedia Britannica*, Micropedia Vol. III, p. 123 (1974).

"Devoto de su familia... mantiene firmes convicciones religiosas en la existencia de Dios y en el orden del universo"[4].

Comentarios

Ciertamente, Wernher von Braun jugó un papel decisivo en la misión que llevó hombres a la Luna en 1969. Esta misión, motivada sin duda entonces por la competencia de prestigio entre Norteamérica y Rusia, fue extraordinariamente costosa. Los beneficios producidos para la humanidad, vistos con la perspectiva actual, fueron también excepcionales. El desarrollo de la microelectrónica, las computadoras actuales, las comunicaciones por satélite, innumerables avances tecnológicos de todo tipo, son consecuencias directas o indirectas de la llamada carrera espacial. Por otra parte no sería justo minimizar el impacto de los avances de la ciencia espacial en el fin de la guerra fría, y su contribución a conjurar por ahora el espectro de una conflagración nuclear a escala mundial.

Von Braun a pesar, o al margen, de que sus logros como pionero de las investigaciones espaciales fueron utilizados, primero por Alemania y después por los Estados Unidos para fines bélicos, fue un decidido defensor de los valores religiosos para encarar el futuro de la humanidad con esperanza.

---

[4] *Ibíd*em.

Un hecho importante y poco conocido

Las páginas anteriores ponen suficientemente de relieve, mediante apuntes biográficos, citas y breves comentarios al margen, que muchos de los pioneros más destacados de la mecánica (Buridan, Galileo, Newton), el electromagnetismo (Volta, Ampère, Faraday, Maxwell), la óptica (Newton, Fresnel), la termodinámica (Mayer, Lord Kelvin), la física contemporánea (Planck, Bragg, Compton, de Broglie), la matemática moderna (Euler, Gauss, Cauchy, Hermite), la ciencia de la computación (Pascal, Babbage), la astronomía (Copérnico, Kepler, Herschel, Olbers, Bessel), y la cosmología actual (Hess, Lemaître, von Braun) han sido creyentes. Podrán añadirse otros muchos más, pero no es necesario. Ello contrasta con la opinión bastante generalizada de que ciencia y religión son enemigas entre sí, o que no tiene nada que ver la una con la otra.

Cuando los librepensadores ilustrados de finales del siglo XVIII1[191] tuvieron noticias de lo que era la cultura china, a través de los informes de misioneros jesuitas de la época, se preguntaron: ¿Por qué mentes de tanto talento especulativo y práctico (los sabios chinos), en una cultura milenaria, no habían sido capaces de alumbrar algo parecido a una ciencia (astronomía, matemáticas, física), ni remotamente comparable a lo que era ya la ciencia europea de la época? La cuestión que se planteaba, por tanto, era la cuestión del origen histórico de la ciencia, entendida no como un conjunto de hallazgos aislados y parciales, más o menos interesantes, sino como algo tan sistemático y tan orgánico como era ya la ciencia europea a finales del siglo XVII, destinada a seguir una marcha ascendente, y aparentemente imparable, hasta lo que es la ciencia actual.

¿Por qué no en China?

---

[191] Ver, por ejemplo, S. L. Jaki, *The origin of science and the science of its origin* (Regnery/Gateway: South Bend, Indiana 1978).

Pero, desafortunadamente para nuestros librepensadores ilustrados, la cuestión estaba mal planteada. Como ha demostrado abundantemente Stanley L. Jaki, uno de los más penetrantes historiadores contemporáneos de la ciencia, en su obra, *Science and Creation: From Eternal Cycles to an Oscillating Universe*[192], tampoco en las otras grandes civilizaciones conocidas -en la babilónica, en la egipcia, la hindú, la griega misma, la más brillante de todas ellas, así como en la maya o en la inca, desarrolladas al margen de las anteriores-, ha tenido lugar un desarrollo científico propiamente dicho. En la civilización griega tuvo lugar un espectacular desarrollo en geometría, y avances menores en astronomía. En física, es decir, en el estudio de la materia en movimiento y de las interacciones entre cuerpos materiales, no se avanzó nada. El período realmente creativo entre los griegos, por otra parte, fue relativamente corto, y pronto se llegó a un estancamiento seguido de un claro declive posterior.

Por tanto, la cuestión correctamente planteada debió haber sido otra: ¿Por qué un desarrollo científico genuino -en el que, una vez rebasado un período más o menos largo de tanteo, se llega hasta la etapa final de crecimiento autosostenido-, solo se ha producido en nuestra civilización occidental cristiana, y solo precisamente en ella?

Es esta una de las cuestiones más profundas que pueden plantearse acerca de cómo empezó a producirse una firme comprensión científica de la naturaleza y de sus leyes, un hecho que tuvo lugar hace unos cuantos cientos de años y en una matriz cultural inequívocamente cristiana. Ha habido muchas civilizaciones en la historia del mundo que alcanzaron logros estupendos en arquitectura, en escultura, en drama, en cerámica, incluso en filosofía. Pero en ciencia, propiamente dicha, algo ni siquiera remotamente

---

[192] S. L. Jaki, *Science and Creation* (University Press of America, Inc.: Lanham, M. D. 1990).

comparable a lo conseguido en nuestra civilización occidental cristiana[193].

La nota característica de la ciencia moderna es su capacidad para describir cuantitativamente un amplísimo panorama de fenómenos naturales, desde los procesos entre partículas elementales hasta la evolución temporal del universo entero, y ello en una forma concisa y efectiva, a través de relaciones matemáticas y ecuaciones diferenciales. En ninguna de las grandes civilizaciones hoy extintas o vivas, aparte de la civilización cristiana, se produjo nada parecido a lo que lograron un Newton, un Fresnel, un Maxwell, un Lord Kelvin, un Clasius, un Planck o un Einstein, que siguieron todos un avía media realista entre el puro empirismo y el puro idealismo. En esas otras grandes civilizaciones, sin embargo, el universo era, o bien algo caótico e incomprensible en el fondo, o bien algo sujeto a férreas leyes de eterno retorno, incomprensible en tanto que carente de un sentido definido. En la Europa Medieval Cristiana, el mundo, creado por Dios de la nada y en el tiempo, era básicamente bueno, estaba bien hecho, y en la inteligencia del hombre, hecha por Dios a su imagen y semejanza, era capaz de alcanzar la verdad, la unidad y la belleza existentes en ese mundo creado por Dios.

Es cierto que a partir del siglo XVIII la ciencia moderna va afirmando cada vez más su autonomía respecto de la matriz cultural cristiana en la que había nacido, en unas cuantas universidades medievales (París, Cracovia, Bolonia, Pisa, ...).

Podría pensarse que la principal razón del fracaso de los conatos científicos en esas otras grandes civilizaciones paganas se encuentra en actitudes concretas ante el mundo material[194]. En efecto. Si la realidad material del cosmos es todo lo que hay, y su

---

[193] P. E. Hodgson, *Science and the Christian World View*, en "Can scientists believe?". Sir N. Mott, ed. (James and James: London 1991), p. 67.

[194] *Ibíd.*, p. 68.

devenir es caótico o férreamente determinista, este seguirá fatalmente su curso, y no merecerá la pena investigarlo perseverantemente y a fondo, como es absolutamente necesario para hacer lograr una comprensión racional del mismo. Si, en cambio, solo el mundo de las ideas es real, y el mundo de las realidades materiales es radicalmente falso o perverso, tampoco merecerá la pena investigarlo. La aventura de la ciencia moderna ha requerido el esfuerzo de muchos hombres oscuros, y un puñado de genios, a lo largo de muchas generaciones. Y ha sido posible por su fe en el valor objetivo de un universo bien hecho, su confianza en la capacidad intelectual para investigarlo, y su fe en un único Dios, creador de ambos.

Si el mundo no fuera racional, es decir, si lo que encontramos como válido un día no lo fuera al siguiente, o no lo fuera en otro lugar distinto, todo conocimiento sistemático sería imposible.

Dijo muy bien Chesterton: "Los enemigos de la región, es decir, los ateos militantes, los materialistas convencidos- no pueden dejarla en paz. Se esfuerzan laboriosamente por aplastarla. No pueden: pero aplastan todo lo demás. Con su preguntas y sus dilemas no han conseguido destruir la fe; desde el principio -la fe- fue una convicción trascendente, y no puede hacérsela más trascendente de lo que siempre fue. Pero han conseguido -si ello les sirve de algún consuelo- destruir, en parte, las buenas costumbres y el sentido común" [195] . Estas palabras son más ciertas hoy que lo eran entonces.

No es necesario ser un hombre o una mujer de ciencia para ser un hombre o una mujer de fe. Pero el fenómeno asombroso de la ciencia contemporánea, que no hace otra cosa que describir cuantitativa y sistemáticamente el hecho colosal de la obra creadora de Dios, puede ayudar sin duda a conocer su existencia, y no solo su existencia.

---

[195] G. K. Chesterton, *The Quotable Chesterton* (A Topical Compilation, W. T. Wisdom and Satier of G. K. Chesterton) (Ignatius Press: San Francisco 1986)

Hay muchas y muy buenas razones para reconocer la existencia de Dios. Por ejemplo, la tierra, el mar, el cielo azul, el sol, la luna y las estrellas. Cada niño que viene a la vida es una buena razón, todavía mucho más poderosa. Cada uno de los físicos, matemáticos, cosmólogos recogidos en estas páginas -que fue primero un niño, luego un joven y luego un hombre-, que con su inteligencia y con su esfuerzo perseverante llegó a hacer bellas e importantes contribuciones a la ciencia, lo es también.

Podemos estar seguros que Dios les ha recompensado con creces por su trabajo bien hecho

.

www.ingramcontent.com/pod-product-compliance
Lightning Source LLC
Chambersburg PA
CBHW060537210326
41519CB00014B/3251